Kommunikationsmanagement von Bauprojekten

Wolfgang Immerschitt

Kommunikations-management von Bauprojekten

Meinungsbildung statt Stimmungsmache in Projektkultur und Public Relations

Springer Gabler

Wolfgang Immerschitt
Plenos – Agentur für Kommunikation GmbH
Salzburg, Österreich

ISBN 978-3-658-13095-4 ISBN 978-3-658-13096-1 (eBook)
DOI 10.1007/978-3-658-13096-1

Die Deutsche Nationalbibliothek verzeichnet diese Publikation in der Deutschen Nationalbibliografie; detaillierte bibliografische Daten sind im Internet über http://dnb.d-nb.de abrufbar.

Springer Gabler

Lektorat: Manuela Eckstein

Gedruckt auf säurefreiem und chlorfrei gebleichtem Papier

Springer Gabler ist Teil von Springer Nature
Die eingetragene Gesellschaft ist Springer Fachmedien Wiesbaden GmbH
Die Anschrift der Gesellschaft ist: Abraham-Lincoln-Str. 46, 65189 Wiesbaden, Germany

Inhaltsverzeichnis

Über den Autor

© Plenos/Stürzenbaum

Dr. Wolfgang Immerschitt Jahrgang 1954, geboren in Braunau am Inn, studierte nach dem Abitur Politikwissenschaft, Publizistik sowie Spanisch an der Universität Salzburg, promovierte 1981 und begann im gleichen Jahr in der Presseabteilung der Wirtschaftskammer Salzburg zu arbeiten.

Mehr als neun Jahre war der Autor als Journalist für verschiedene Zeitungen tätig, u. a. als Korrespondent für die Tageszeitung „Die Presse". 1990 wurde er Leiter der Stabsabteilung für Öffentlichkeitsarbeit des Raiffeisenverbandes Salzburg und wenig später auch der Marketingabteilung. Seit 1999 ist er geschäftsführender Gesellschafter der Kommunikationsagentur Plenos.

Seit mehr als 30 Jahren arbeitet Wolfgang Immerschitt auch als Universitätslektor zu verschiedenen Themen im Bereich Politik- und Kommunikationswissenschaft, u. a. an der Universität Salzburg und den Fachhochschulen Hagenberg und Salzburg.

Im SpringerGabler-Verlag sind bisher vier Bücher erschienen: „Profil durch PR" (2009), „Crossmediale Pressearbeit" (2010), „Employer Branding für KMU" (gemeinsam mit Markus Stumpf, 2014) und „Aktive Krisenkommunikation" (2015).

Einleitung

1

„Ein Projekt ist ein zeitlich begrenztes Vorhaben mit dem Ziel, ein einmaliges Produkt, eine Dienstleistung oder ein Ergebnis zu schaffen", lautet eine gängige Definition (Zandhuis et al. 2014, S. 21). Bauprojekte weisen einige zusätzliche Besonderheiten auf: Sie sind geprägt von einer hohen Komplexität, umfangreichen rechtlichen Bestimmungen sowie zahlreichen Projektbeteiligten mit unterschiedlichsten Interessen, Werthaltungen und Erwartungen. Zudem durchlaufen sie von der Idee bis zur Übergabe eine Reihe von Kommunikationsphasen. Während zu Beginn der Planungs- und Genehmigungsprozess auf der Kommunikationsagenda steht, wechselt später der Fokus auf die Moderation der internen Kommunikation sowie die Herstellung von Akzeptanz und schließlich steht die Vermarktung sowie die Promotion für die Architektur im Vordergrund.

Der Austausch von Informationen zwischen den unterschiedlichen Stakeholdern erfordert eine gut organisierte Kommunikation in allen Projektphasen. In den letzten Jahren hat sich die Erkenntnis, dass Kommunikation ein wichtiger Faktor für den Projekterfolg ist, Raum in den Debatten der Branche verschafft. Gut oder schlecht gemanagte Kommunikation bestimmt laut einer Studie der Deutschen Gesellschaft für Projektmanagement über Erfolg oder Misserfolg des gesamten Projekts.

Carl Pritchard bringt die Erkenntnis auf den Punkt: „Communication is the cornerstone of effective project management, and yet most of it is done ad hoc, driven by individuals, personalities and preferences, rather than by needs, protocols, processes and procedures. Communication breakdowns are continuously cited as one of the key reasons that projects fail" (Pritchard 2004, S. 2).

Obwohl gerade die jüngere Vergangenheit zahlreiche Belege erbracht hat, dass mangelnde Kommunikation kolossales Scheitern verursachen kann, ist die Baubranche noch in einer Einstiegsphase der eingehenden Auseinandersetzung mit der Thematik der Projektkommunikation. Treibender Faktor ist das teure Lehrgeld, das beim Scheitern von Bauvorhaben wegen fehlender kommunikativer Projektkultur und unzureichender

W. Immerschitt, *Kommunikationsmanagement von Bauprojekten*,
DOI 10.1007/978-3-658-13096-1_1

Außendarstellung zu zahlen ist. Dieses Buch baut auf der optimistischen Annahme auf, dass Kommunikation zunehmend als wesentlicher Eckstein für effektives Projektmanagement bei Bauvorhaben erkannt wird.

Dass das bislang nicht so war, hat viele Ursachen:

Für die Wissenschaft war Projektkommunikation kein primäres Forschungsobjekt. Matthias Freitag erklärt das damit, dass bis in die 1990er Jahre hinein die Massenmedien und die öffentliche Kommunikation im Fokus standen. „Beides sind Aspekte von Kommunikation, die im Projektmanagement nur eine untergeordnete Rolle spielen. Im Projekt steht die interpersonelle, nicht-öffentliche Kommunikation im Mittelpunkt und diese Art von Kommunikation fand als Forschungsgebiet erst relativ spät das Interesse der Kommunikationswissenschaft“ (Freitag 2016, S. 31).

Das Interesse der Wissenschaft wie auch der praxisorientierten Ratgeberliteratur – das wird bei der Durchsicht des Literaturverzeichnisses deutlich – richtet sich auf die Prozesse, die im Innenverhältnis ablaufen. Generell ist der Fokus bei den angeführten Monografien auf Projektteams in großen Unternehmen gerichtet, die sich mit einer neuen IT-Infrastruktur, Veränderung von Produktionsprozessen oder der Integration von Unternehmen im Zuge von Mergers und Akquisition befassen. Da es sich hierbei häufig um interne Projekte in Betrieben handelt, erklärt auch dieser Umstand, warum in der Literatur die externe Kommunikation nur sehr kursorisch betrachtet wird.

Viele Beiträge über das Kommunikationsmanagement in Bauprojekten stammen aus der Schweiz, wo bekanntermaßen das Volk in vielen Fällen zu den Urnen gerufen wird, um über Infrastruktur- und Bauprojekte auf kommunaler, kantonaler oder eidgenössischer Ebene zu befinden. Wenn „Volk und Ständen“ ein Bauprojekt zur Abstimmung unterbreitet wird, muss zwingend vorher schon erklärt werden, was genau geplant ist.

In Deutschland oder Österreich laufen die Entscheidungsprozesse anders. Die Aufmerksamkeit der Auftraggeber – seien es nun die öffentlichen Hände und deren vorgelagerte Infrastrukturunternehmen oder private Bauherren – richtet sich in der Genehmigungsphase primär auf die politischen Entscheidungsgremien und blendet andere Stakeholder aus. Es gibt keine Parallelität und schon gar keinen Vorlauf in der externen Kommunikation im Hinblick auf mögliche Betroffene oder Interessierte.

So wird in den dafür vorgesehenen Gremien auf Expertenebene präsentiert und gesprochen und erst dann läuft langsam die Kommunikationsmaschinerie an – wenn überhaupt. Da passiert es dann häufig, dass sich beispielsweise Nachbarn „überrollt“ fühlen und in der Folge Widerstände aufbauen. Die „Vox Populi“ verschafft sich oft erst Gehör, nachdem ein Bauvorhaben bereits den Gang durch die Instanzen hinter sich hat. Wenn dann eine kritische Diskussion startet, wird es für den Bauwerber meist erst richtig teuer. Umplanungen oder gar ein gänzliches Scheitern können die Folge sein. Ist die öffentliche Hand selbst Auftraggeber, kommt in solchen Fällen der immer wiederkehrende Satz: „Wir haben das schlecht kommuniziert.“ Dieses Eingeständnis hilft nur leider nichts, wenn der Schaden schon eingetreten ist. Ärgerlich wäre es, wenn das Klopfen auf die eigene Brust und das reuige „Mea Culpa“ gänzlich ohne Konsequenzen bliebe.

Wir wollen uns in diesem Buch auf die Seite der Optimisten stellen und gehen von der Lernfähigkeit der Bauherren, der Projektmanager und Bauunternehmen aus. Anlass für Optimismus geben Veränderungsprozesse, die von der öffentlichen Hand angestoßen wurden. Aufgerüttelt durch die verheerenden Ergebnisse der Diskussionen um einige prestigeträchtige Infrastrukturprojekte in Deutschland haben sich Beiräte und Arbeitsgruppen im Auftrag von Bund und Ländern aufgemacht, Empfehlungen zu erarbeiten, wie die komplexen Konfliktlagen, in denen sich verschiedenste Interessen überlagern, gehandhabt werden sollen (Beirat für Raumentwicklung 2012). Grundsätzlich wird dort den Entscheidungsträgern, der Verwaltung und den Projektträgern geraten, transparente Beteiligungsverfahren durchzuführen und der Öffentlichkeitsarbeit einen höheren Stellenwert zu geben (ebd., S. 3).

Die grundlegende These dieses Buches ist es, dass gut geplante und strategisch durchgeführte Kommunikationsarbeit helfen kann, Risiken zu minimieren. Aufbauend auf verschiedenen strategischen Konzepten und strategischen, organisatorischen und taktischen Analysen wird aufgezeigt, wie Kommunikation im Innen- und Außenverhältnis des Bauprojekts gelingen kann. Ganz nach der Erkenntnis des Migros-Managers Martin Hitz: „Man muss früh den kommunikativen Teppich ausrollen, auf dem man später gehen will“ (Merz 2010, S. 4).

Grundvoraussetzung für das Gelingen der Kommunikation ist, dass die „Verantwortlichkeit für die gesamte mündliche und schriftliche Kommunikation in die Start- und Planungsphase sowie in die Umsetzungs- und Abschlussphase explizit aufzunehmen (ist)“ (Stumpf und Brandstätter 2013, S. 290). Dazu werden in diesem Buch vor allem Maßnahmen vorgestellt, die sich bei größeren Bauvorhaben bewährt haben. Dieser Katalog basiert auf Literaturrecherchen, Erfahrungswerten des Autors und nicht zuletzt auf Interviews.

Der Autor hat längere Gespräche mit Architekten, Bauherren, Projektmanagern, Bauträgern sowie Journalisten von Fachmedien geführt. Das Spannende an diesen Gesprächen – die im hinteren Teil des Buches abgedruckt sind – ist, dass es sehr unterschiedliche Perspektiven und Herangehensweisen gibt, die sich je nach Profession grundlegend voneinander unterscheiden. Dennoch ergeben sie, wenn man sie übereinanderlegt, ein gutes Bild der Gesamtsituation und viele Anregungen zum praktischen Tun.

Genau das ist auch das Ziel dieses Buches: Es will zum kommunikativen Handeln anregen. Angesprochen sind dabei die bei Bauvorhaben involvierten Berufsgruppen, also Bauherren, Architekten, Statiker, Projektmanager, Bauträger und Handwerker ebenso wie Studierende der Kommunikations- und Ingenieurswissenschaften, der Architektur oder des Projektmanagements. An diesen Leserkreis hat der Autor beim Verfassen gedacht.

Literatur

Beirat für Raumentwicklung. 2012. Öffentlichkeitsbeteiligung bei Planungs- und Zulassungsverfahren großer Infrastrukturvorhaben. https://www.bmvi.de/SharedDocs/DE/Anlage/StadtUndLand/LaendlicherRaum/beirat-empfehlung-oeffentlichkeitsbeteiligung-grosse-infrastrukturvorhaben.pdf?__blob=publicationFile. Zugegriffen: 25. Jan. 2016.

Freitag, Matthias. 2016. *Kommunikation im Projektmanagement. Aufgabenfelder und Funktionen der Projektkommunikation*. Wiesbaden: Springer Fachmedien.

Merz, Matthias. 2010. *Interne und externe Kommunikation in großen Infrastrukturprojekten. Arbeitsinstrumente für die praktische Planung und Umsetzung*. Zürich: ETH.

Pritchard, Carl. 2004. *The Project Management CommunicationsToolkit*. London: Artech House.

Stumpf, Marcus, und Michael Brandstätter. 2013. Nachhaltiges Projektmanagement – Bedeutung der integrierten Kommunikation in der Innen- und Außendarstellung von Projekten. In *Nachhaltigkeit in der Wirtschaftskommunikation,* Hrsg. M. Nielsen, I. Rittenhofer, M. Grove Ditlevsen, S. Esmann Andersen, und I. Pollach, 277–292. Heidelberg: Springer VS.

Zandhuis, Anton, Paul Snijderes, und Thomas Wuttke. 2014. *Eine Zusammenfassung des PMBOK Guide. Kurz und bündig*. Amersfoort: Van Haren Publishing.

2 Bauprojekte sind auch Kommunikationsbaustellen

Projekte werden immer dann aufgesetzt, wenn in Unternehmen Sonderaufgaben zu bewältigen sind. Gemeinsam ist allen Projekten, dass sie ein bestimmtes Arbeitsvolumen umfassen und damit zwangsweise auch einer gewissen Form der Organisation bedürfen. Es ist kein Tagesgeschäft, das definierten und gelernten Verfahrensweisen folgt.

Die Teams, die diese Sonderaufgaben innerhalb eines Unternehmens zu erledigen haben, werden in der Regel auf bestimmte Zeit unter Beteiligung von Mitarbeitern aus den unterschiedlichsten Bereichen zusammengestellt. Sie werden gänzlich oder teilweise aus der Linienorganisation herausgelöst, um die gestellte Aufgabe erledigen zu können. Es entsteht ein Endresultat, das ein Produkt, eine Dienstleistung oder ein sonstiges Ergebnis sein kann.

Die Laufzeit ist meist durch die Erreichung der vorgegebenen Ziele vorgegeben. Die Beteiligten an Projekten in einem Unternehmen sind zwar aus ihren sonstigen Aufgabenstellungen für einen definierten Zeitraum teilweise oder ganz herausgelöst, sie bewegen sich aber immer noch in einem mit klaren Regeln und einer gelernten Unternehmenskultur ausgestatteten Umgebung.

Bei Bauprojekten ist das anders: Sie bewegen sich im Projekt prima facie nicht in einer gelernten Unternehmenskultur, sondern einer Kultur, die eine Querschnittsmenge vieler unterschiedlicher Kulturen ist. Auftraggeber, Generalunternehmer, Architekten, Projektmanager, Handwerker: Sie alle bleiben Teil Ihrer eigenen Welt, sollen aber gemeinsam mit allen anderen Beteiligten einen gemeinsamen Nenner in der Zusammenarbeit und der Kommunikation finden. Wie eine gemeinsame Projektkultur entstehen und erhalten werden kann, wollen wir im nächsten Abschnitt darstellen.

W. Immerschitt, *Kommunikationsmanagement von Bauprojekten*,
DOI 10.1007/978-3-658-13096-1_2

2.1 Aufbau und Erhaltung einer Informationskultur im Projektteam

Wie bei allen sozialen Gruppierungen ergeben sich auch bei Bauprojekten im Innenverhältnis dynamische Prozesse, die gesteuert werden müssen. Projekte werden heute als „soziale Veranstaltungen verstanden" (Freitag 2016, S. 22). Das beginnt damit, dass zunächst einmal Regeln für das Zusammenarbeiten im Projektteam selbst geschaffen werden müssen. Mit diesem Thema hat sich die IG Lebenszyklus Hochbau auseinandergesetzt und zum Thema Projektkultur einen Leitfaden publiziert (IG Lebenszyklus Hochbau 2014). Damit ist gemeint, dass gerade bei Bauvorhaben unter Bedacht auf die Interessensunterschiede der Teammitglieder eine gemeinsame Identität geschaffen werden muss.

Nur wenn es zu einer solchen Kultur der Zusammenarbeit und des täglichen Miteinander kommt, ist ein Erfolg möglich. Zur Projektkultur gehört auch, dass Orientierung geschaffen wird. Und dazu bedarf es der Fähigkeit der Vermittlung von Entscheidungen (Immerschitt 2009, S. 120 ff.): „Kommunikation ist auch Führung – und Führung ist der größte Teil der Arbeit im Projektmanagement" (Nagel 2012, S. 11).

Was macht es so schwer, in Bauprojekten das Miteinander vor das Trennende zu stellen? Warum sind diese Projekte immer auch Kommunikationsbaustellen (Zoidl 2016, S. 16)? Zunächst ist da die Gruppendynamik, die entsteht, wenn Menschen aus unterschiedlichen Unternehmen mit verschiedener Sozialisation und differenten Unternehmenskulturen zur Lösung einer gemeinsamen Aufgabenstellung zusammengebracht werden. Das bringt hohe Anforderungen an die interne Kommunikation und die Moderation der Gruppe mit sich.

Bei größeren Bauvorhaben rekrutieren sich die Mitglieder der Projektgruppe nicht aus ein und demselben betrieblichen Umfeld, sondern aus unterschiedlichen Unternehmen. Auftraggeber (Bauherr), Architekt, Statiker, Projektmanager und -kommunikator, ausführende Unternehmen und viele mehr sind im Bauprojekt eingebunden. Sie alle verfolgen – verständlicherweise – in erster Linie einmal die eigenen Interessen in kommerzieller, zeitlicher, ästhetischer, bautechnischer, kommunikativer oder auch organisationspsychologischer Hinsicht.

Wenn Sie sich vor Augen halten, welche Sollbruchstellen es zwischen diesen Interessen gibt, wird auch verständlich, warum es immer wieder zu Konflikten kommt. Projekte sind immer ein Sonderfall, bei denen das eingespielte Gefüge von Aufbau- und Ablauforganisation durchbrochen wird. Das erfordert notwendigerweise einen höheren Vermittlungsaufwand (Nagel und Wild 2016, S. 4). Daraus entstehen besondere Herausforderungen für das Projektmanagement selbst, aber natürlich auch für die Projektkommunikation.

▶ Auch wenn es sich beim Projektteam bei größeren Bauvorhaben in der Regel um selbstständige oder freiberuflich tätige Unternehmer handelt, so verfolgen sie doch ein gemeinsames Ziel: Das Bauprojekt erfolgreich abzuschließen. Diese Tatsache muss gleich zu Beginn allen Beteiligten vor Augen geführt werden.

Jedes Bauprojekt ist einmalig, sowohl in seiner Größe, Komplexität und den Anforderungen. Die Projektkommunikation muss die individuellen Gegebenheiten berücksichtigen, um das Projekt in eine kommunikative Komfortzone zu bringen. Ein wesentlicher Teil der Arbeit der Projektkommunikation besteht darin, die Information im Team am Laufen zu halten und den Kontakt zum Bauauftraggeber aufrecht zu erhalten.

Dazu gehören die organisatorische und atmosphärische Gestaltung von Besprechungen, Sitzungsmoderation, Ergebnisprotokollierung und die Außendarstellung (Zeutsch und Stumpf 2003, S. 11). Hier liegt eine besondere Herausforderung für Bauprojekte, die in dieser Form bei den meisten sonstigen Projekten, namentlich jenen, die unternehmensintern aufgesetzt werden, nicht gegeben ist.

2.2 Veränderung im öffentlichen Raum schafft Kommunikationsbedarf

Bauprojekte beanspruchen öffentliche Räume. Das, was hier geschieht, wird mithin für Viele sichtbar und dadurch sehr leicht angreifbar. Wenn die ersten Pläne vorliegen, werden Anwohner aktiv, diskutieren die Gebäudehöhen, die architektonische Formensprache, Auswirkungen auf die Beschattung ihrer Grundstücke, die Lärmbelästigung durch zusätzliche Fahrzeuge, die Veränderungen des Kleinklimas durch Asphaltflächen für Parkplätze und vieles mehr.

Der berühmte österreichische Maler Arik Brauer – einer der Protagonisten der Wiener Schule des fantastischen Realismus und Liedermacher – hat in seinem Song „Sie hab'n a Haus baut" alle Befürchtungen von Anliegern auf den Punkt gebracht: „Gestern Nachmittag hab' ich beim Fenster aussegsehn (hinausgesehen). Heute in der Früh habn's mir den Himmel schon verstellt."

Beteiligte und Betroffene wollen berechtigterweise wissen, was, weshalb, in welchem Zeitraum, mit welchen Auswirkungen gebaut und erstellt wird. Wenn ihnen das nicht eingehend erläutert wird, dürfen sich die Projektverantwortlichen nicht wundern, wenn ihnen der Arik Brauer'sche Himmel auf den Kopf fällt.

Wenn Bauvorhaben zum Gegenstand hitziger öffentlicher Diskussion werden, liegt die Ursache meist darin, dass viel zu spät oder gar nicht proaktiv Stellung bezogen wurde. Dann tritt das ein, was Projektmanager, Architekten, Bauträger und Auftraggeber berechtigterweise mit Sorge erfüllt. Dass nämlich über ihre Köpfe hinweg Meinung gemacht wird. Ist dieser Fall erst einmal eingetreten, wird es schwierig. Denn ab diesem Zeitpunkt spielen die Genannten nur noch die zweite Geige. Oder, wie es in Journalistenkreisen heißt: „Wer die Geschichte als Erster erzählt, dem gehört sie auch" (laut Karl Kern, ORF Information/Fernsehen im Gespräch mit dem Autor).

In den vergangenen Jahren haben es ungezählte Großbauvorhaben ganz unfreiwillig zu negativen Schlagzeilen gebracht. Dabei müssen Sie gar nicht an die Megaprojekte wie Stuttgart 21, den Berliner Flughafen, die Elbphilharmonie, den Skylink am Flughafen

Wien, den Bau von 380 kV-Leitungen oder Straßenbauprojekte wie die Waldschlösschenbrücke in Dresden – die das Elbtal den Weltkulturerbestatus gekostet hat – denken. In jeder größeren Stadt finden sich Beispiele von Bauvorhaben, die extrem polarisiert haben und oft auch am Widerstand gescheitert oder zumindest massiv verzögert wurden.

Die Gründe dafür sind vielfältig. Ein entscheidender ist, dass die Anspruchshaltungen der verschiedenen Stakeholder deutlich gestiegen sind und sie auch ganz einfache Vehikel finden, ihre Interessen medial zu transportieren. Sie haben dabei einen Vorteil gegenüber den kommunizierenden Unternehmen, wie der grüne Bundestagsabgeordnete Oliver Krischer attestiert: Sie sind mit Engagement, Begeisterung und Empathie bei der Sache (RWE AG 2012, S. 212 ff.). Diesen Schluss zieht auch der Politikwissenschaftler Ulrich von Alemann: „Die Projektbetreiber haben viel mehr Ressourcen, um professionelle Kommunikationskampagnen einzusetzen. Die Projektgegner dagegen ... haben in der Regel weniger Mittel. Nur diese wenigen Mittel sind häufiger mit einer höheren Glaubwürdigkeit und größerem Engagement – eben mit Herzblut, das auch mal in Wallung kommen kann – verbunden“ (RWE AG 2012, S. 70 f.).

Dazu kommt, dass Projektgegner heute die klassischen Massenmedien (Print, Hörfunk, Fernsehen) nicht mehr unbedingt benötigen, um ihren Interessen Gehör zu verschaffen. Mit dem Internet ist ein neues Massenmedium entstanden, das jede Interessengruppe in die Lage versetzt, selbst zum Verleger zu werden. All das zusammen hat die Anforderungen an die Bauprojektkommunikation enorm erhöht.

Die Zivilgesellschaft ist streitbarer geworden (RWE AG 2012, S. 23). Nicht nur in Deutschland. Die Meinungsforschung belegt, dass große öffentliche Bauprojekte heute generell nur schwer durchzusetzen und zu realisieren sind (Institut für Demoskopie Allensbach 2011, S. 1): Das Verständnis der Bevölkerung für Proteste gegen große Bauprojekte ist groß, drei Viertel der in Deutschland Befragten haben dafür generell Verständnis, zu einem großen Teil auch, weil sie sich weder ausreichend informiert, noch eingebunden fühlen. Ordnungsgemäße Genehmigungen allein sind kein Garant mehr, dass Großbauten reibungslos über die Bühne gehen. Das beste Beispiel dafür ist Stuttgart 21.

Kaum wird ein größeres Projekt angekündigt, steht es schon im Kreuzfeuer der Kritik. Oft sind es gar nicht die Nachbarn des Baugrundstücks, sondern Kommunalpolitiker, die sich auf die Seite der Gegner schlagen, weil sie sich dadurch erwarten, politische Vorteile daraus ziehen zu können. Für technisch orientierte Fachleute sind die politischen Scharmützel, die in der Folge häufig mit Anrainerprotesten einhergehen, meist unverständlich, in ihrer Ausbildung haben sie nie gelernt, mit aus ihrer Sicht sachlich ungerechtfertigter Kritik umzugehen, wie einige der Experten, die für dieses Buch befragt wurden, betonen.

Dazu möchte ich ein selbst erlebtes Beispiel aus der Praxis erzählen: In einer kleinen, stark wachsenden Stadt stößt das Schulzentrum an seine Kapazitätsgrenzen. Der beauftragte Projektmanager schlägt vor, als ersten Schritt zu klären, welcher Mehrbedarf an Raum durch die wachsende Zahl an Kindern in der Krabbelgruppe, im Kindergarten, der Volks- und Mittelschule entsteht. Dabei sollte auch gleich berücksichtigt werden, dass eine zeitgemäße Mensa, in der ein gesundes Mittagessen für alle gekocht werden kann, gebaut werden soll. Außerdem sollten auch die Lehrer Arbeitsplätze zur Vorbereitung ihres Unterrichts und zur Korrektur von Schularbeiten erhalten.

So weit, so klar, verständlich und naheliegend. Was passiert? Eine politische Gruppierung unterstellt der Mehrheitsfraktion „Großmannssucht“. Eine Kampagne über soziale Medien und Flugblätter wird losgetreten. Die Regionalmedien freuen sich darüber und berichten ausführlich. An der Stelle kann es leicht sein, dass die Mehrheit im Gemeinderat die „heiße Kartoffel“ fallen lässt (Stumpf und Brandstätter 2013, S. 277). Nicht so im gegenständlichen Fall. Hier hat der Konter durch vermehrte Medienarbeit geklappt, aber auch nur deshalb, weil es einfach auf der Hand lag, dass dieser Schritt der Bedarfserhebung Sinn machte, während das ziellose Planen als sinnlos erkannt wurde.

Wie viele Bauprojekte wurden schon schubladisiert, nachdem vorher mit großem Aufwand Machbarkeitsstudien und Architekturwettbewerbe durchgeführt und endlose politische Debatten abgehalten wurden? Wie viele Baupläne verstauben in den Archiven, wie viele Vorhaben sind im Chaos versunken? Vor allem die öffentliche Hand neigt dazu, Konflikte mit dem Blick auf bevorstehende Wahlen zu meiden.

Dabei gibt es für Bauprojekte der öffentlichen Hand laut Befragungen des Instituts für Demoskopie Allensbach (2011, S. 6) eine generelle Zustimmung in der Regel durch weit mehr als der Hälfte der Bevölkerung. Besonders hoch ist die Akzeptanz bei Kindergärten und Schulen, Krankenhäusern, Energieversorgungsanlagen für erneuerbare Energien mit deutlich über 70 %, über 60 % liegt die Zustimmung auch noch beim Ausbau des Straßennetzes oder von Kultureinrichtungen. Knapp darunter liegt der Ausbau der Schieneninfrastruktur und des Telekommunikationsnetzes inklusive Handymasten.

Anders sieht die Sache wohl aus, wenn es um das jeweils eigene Wohnumfeld geht. „Not in my backyard“ spielt beim Widerstand gegen Bauten eine evidente Rolle. „Die eigene Betroffenheit macht selbst den lahmsten Bürger mobil“, meint der Journalist Michael Bauchmüller (RWE AG 2012, S. 50). Der Wiener Architekturjournalist Wojciech Czaja ist der Meinung, dass viele Gegner von Hochbauprojekten ein ausgeprägtes Sensorium für architektonische und städtebauliche Qualität haben (im Gespräch mit dem Autor am 10.02.2016). Sie erkennen es, wenn ein Projekt vordergründig den Anschein der Flächenmaximierung erweckt – ohne dabei den Anspruch zu erheben, auch auf das Umfeld und die Angemessenheit des Ortes einzugehen. Das erzeugt fast immer Widerstand. In der breiten Öffentlichkeit und auch in den Medien stößt dieser von den Gegnern geäußerte Widerstand in einem hohen Grad auf Zustimmung und Sympathie.

Bei jedem größeren Bauvorhaben sollten Sie sich darüber im Klaren sein, dass die Diagnose, dass Protest nichts Böses ist, massiven Einfluss auf die Situation des Bauwerbers hat. „Ordnungsgemäße Planungs- und Entscheidungsverfahren werden von vielen nicht mehr als ausreichende Legitimierung gesehen“ (Institut für Demoskopie Allensbach 2011, S. 7). Das hat Auswirkungen auf die Planungssicherheit. Wenn Bauprojekte nach einem ordentlichen Genehmigungsverfahren noch korrigiert werden müssen, ist das natürlich ärgerlich aus Sicht der Projektverantwortlichen.

Freilich kann man auch Sympathie und Verständnis für Projektgegner entwickeln, wie das Meinungsforschers Stephan Kohler tut: Er sieht ein Defizit dadurch gegeben, dass Bauvorhaben oft eine mangelhafte Ausrichtung auf das Allgemeinwohl aufweisen. Die Skepsis hätten die Bauauftraggeber selbst verschuldet: Denn sie haben vor einigen Jahren verstärkt den Shareholder-Value zum Hauptprinzip erhoben und die soziale Verantwortung von sich geschoben (RWE AG 2012, S. 211).

Roger de Weck, Generaldirektor der Schweizer Radio- und Fernsehgesellschaft, sieht ein Problem darin, dass sich die Unternehmen sachlich im Recht wähnen: „Wir haben die Argumente, die anderen haben die Emotionen, wir sind ernst zu nehmen, die anderen sind unseriös, wir denken langfristig, die anderen sind keine Realisten" (RWE AG 2012, S. 154). In der Öffentlichkeitsarbeit gilt es, Ängste der betroffenen Dialoggruppen zu nehmen und Verständnis für das Projekt zu schaffen.

Dabei ist es sinnlos, Emotionen mit Sachargumenten zu begegnen. Kompromisse müssen – wie weiter unten noch dargelegt wird – auf argumentativer Augenhöhe zustande kommen. Das ist für Techniker oft eine schwer zu überspringende Hürde. Der Präsident der Deutschen Bundesnetzagentur, Jochen Homann, sieht in der Erklärung komplizierter Zusammenhänge, die nur wenige Menschen wirklich verstehen, in eine bürgernahe Sprache eine ungewohnte und nicht einfache Aufgabe (RWE AG 2012, S. 195).

Das Thema hat freilich auch eine für den Bauwerber problematische Dialektik, die Michael Bauchmüller von der Süddeutschen Zeitung anspricht, wenn er meint: „Jeder, der Bürgerbeteiligung will, nimmt auch in Kauf, dass sie natürlich Projekte verhindern kann. Das ist eben die andere Seite der Medaille. Akzeptanz hat in Deutschland immer ein bisschen Einbahnstraßencharakter. Man will sie immer nur bei den anderen erlangen. Der Vorhabenträger ist selten in der Lage, das zu akzeptieren" (RWE AG 2012, S. 140 ff.).

Emotionen werden dabei bisweilen auch durch eine völlig verfehlte Wortwahl provoziert. Ich möchte dazu eine selbst erlebte Geschichte erzählen, die belegt, dass Projektwerber bisweilen wie Wildschweine durchs Unterholz brechen. In der Stadt Salzburg wurde vor Jahren an der Stelle einer stillgelegten Industrieanlage ein großes Wohnbauvorhaben geplant. Entlang der Straße sollte ein großer Riegelbau entstehen, der die dahinterliegenden Häuser vom Straßenlärm schützen sollte. Auf der anderen Straßenseite befinden sich Einfamilienhäuser, für die die fünf Stockwerke hohe Wand auf deren Südseite Dauerbeschattung während des gesamten Winterhalbjahres bedeutete. Mit dieser Kritik in einer Stadtteilversammlung mit hunderten Teilnehmern konfrontiert, meldete sich der vom Bauwerber beauftragte Schweizer Architekt mit folgender bemerkenswerten Aussage zu Wort: „Ach wissen Sie, alles was nördlich der Anlage liegt, ist ja sowieso ein Assanierungsgebiet." Die Eigenheimbesitzer waren ob dieser Unverschämtheit so verblüfft, dass sie wider Erwarten nicht mit Gegenständen nach dem Provokateur warfen.

Jedes größere Bauvorhaben ruft einen erhöhten externen Kommunikationsbedarf hervor. Darin sind sich die Experten einig, die vom Autor für dieses Buch befragt wurden.

Dem widerspricht weder die Meinungsforschung, noch gibt es Widerspruch in der wissenschaftlichen Literatur. Also müsste man meinen, dass es ganz massive Anstrengungen gibt, Kommunikationsbaustellen erst gar nicht entstehen zu lassen. Dem ist aber bei weitem nicht so. Eine systematische, strategisch geplante Projektkommunikation findet bei Bauprojekten häufig nicht statt (Nagel und Wild 2016, S. 5). Die Realität zeigt, dass zwar viel Geld in Projektentwicklung, begleitende Kontrolle, Bauaufsicht, juristischen Beistand und natürlich in das Bauprojektmanagement gesteckt wird, die Kommunikation aber mit angezogener Handbremse verfolgt wird. Und wenn doch, dann erfolgt die Kommunikation in vielen Fällen ad hoc, also reaktiv anstatt proaktiv.

Probleme entstehen längst nicht nur durch Einzelversagen überforderter Personen oder -gruppen. Viele Probleme in der Außendarstellung entstehen nach Auffassung des Autors dadurch, dass in der Projektkommunikation eine Sollbruchstelle eingebaut ist. Während nämlich für die interne Kommunikation im Team das Projektmanagement oder das ausführende Bauunternehmen zuständig ist, liegt es in der Verantwortung des Bauherrn, sich um die Öffentlichkeits- und Medienarbeit zu kümmern.

Was aber, wenn aufseiten des Auftraggebers keine Strukturen für gezielte Öffentlichkeitsarbeit vorhanden sind, das Verständnis für die Information von Stakeholdern generell fehlt oder die Risiken nicht erkannt werden. Das Problem ließe sich einfach lösen, indem die Projektkommunikation in das Auftragsvolumen für den Projektmanager integriert wird oder wenn zumindest im Zuge der Kick-off-Meetings die Routinen der Außendarstellung verbindlich festgelegt werden. Hier von vorneherein Geld einzuplanen, weigern sich aber viele Auftraggeber. Früher waren die Vergabeordnungen sogar bewusst so angelegt, dass Kommunikation nur eine Randerscheinung war.

Heute hat sich wenigstens bei der öffentlichen Hand die Erkenntnis durchgesetzt, dass Bürgerbeteiligung ein Kostenfaktor ist, den es einzukalkulieren gilt. Andreas Holler, für das Geschäftsfeld Neubau Verantwortlicher der österreichischen Wohnbaugesellschaft des Bundes (Buwog), weiß um den erhöhten Kommunikationsbedarf (Zoidl 2016, S. 16): Heute würden Kommunikation, Transparenz und Offenheit von den Bürgern nicht nur begrüßt, sondern eingefordert. Das bedeute auch zusätzlichen Aufwand, was dann akzeptabel sei, wenn alles in einem vernünftigen Zeitrahmen abgewickelt werde. Derzeit sei das aber oft nicht der Fall und es gingen bis zu einem Jahr und mehr verloren. Das erhöhe die Projektkosten, verteuere die Wohnungen und trage ganz wesentlich dazu bei, dass die Neubauleistung bei weitem nicht so hoch ist, wie sei sein könnte. Genau dieses Risiko der Verzögerung durch offene Kommunikation scheuen private Bauwerber häufig.

Dies ist aber letztlich der Preis, der zu zahlen ist, um Akzeptanz zu schaffen und auch die Planungssicherheit zu vergrößern. Eine offene Kommunikationskultur nach innen und außen kann Frust und Friktionen reduzieren und bisweilen auch verhindern, dass ein Projekt an Widerständen scheitert. Was dazu notwendig ist, soll in den nächsten Kapiteln vorgestellt werden.

2.3 Problemlösung durch integrierte Kommunikation

Was soll strategischer Kommunikation bewirken? Sie soll nach innen und außen dafür sorgen, dass Informationen zur richtigen Zeit an die richtigen Personen weitergegeben werden, den Dialog zwischen den Beteiligten fördern und moderieren und einen reibungslosen Bauablauf sicherstellen. Die Projektkommunikation unterstützt überdies das Projektmanagement im zwischenmenschlichen Bereich und schafft eine stabile Baukultur.

Ein gut geplantes und durchgeführtes Projektmanagement wirkt sich positiv auf primäre Projektziele wie Finanzen, Termine und Qualität aus. Die unmittelbar daran angedockte Projektkommunikation hilft Abstimmungsfehler und Friktionen zwischen den Projektbeteiligten zu vermeiden, die Motivation zu erhöhen und Risiken zu minimieren.

Unternehmen können sich nur profilieren, wenn sie langfristige, strategische Kommunikation betreiben. Nicht anders ist es in der Projektkommunikation. Letztlich geht es auch hier um die Vermittlung einheitlicher Inhalte und Bilder nach innen wie nach außen. Nur so kann glaubwürdige, konsistente und verständliche Kommunikation entstehen. „Wenn dies nicht der Fall ist, werden Informationen ignoriert oder gehen in der Flut medialer Angebote unter" (Mast 2006, S. 49). Um das zu vermeiden, wird häufig das Modell der integrierten Kommunikation herangezogen, das sich trotz aller Umsetzungshürden als praktikabel erwiesen hat (Immerschitt 2009, S. 43 f.).

Generell können verschiedene Ebenen der Kommunikation identifiziert werden, die in der Projektkommunikation bei Bauten eine besondere Rolle spielen, weil hier relativ scharfe Trennstriche gezogen sind:

- Da ist einmal die interne Projektkommunikation. Sie ist gegeben, wenn die Mitglieder des Projektteams im engeren Sinn untereinander formell oder informell kommunizieren.
- Kommunizieren Projektmitglieder und Akteure außerhalb des Projektteams miteinander, wird von Stakeholder- oder externer Kommunikation gesprochen.
- Schließlich spielt auch noch die öffentliche Kommunikation eine Rolle: Diese liegt dann vor, wenn die externe Kommunikation über das Projekt gänzlich ohne Beteiligung von Projektmitgliedern stattfindet.

Integrierte Kommunikation[1] verlangt eine inhaltliche, formale und zeitliche Integration aller Instrumente. Das heißt: Alle kommunikationspolitischen Aktivitäten müssen miteinander vernetzt werden. Die wichtigsten Hürden bei der Umsetzung integrierter Kommunikation tun sich auf, weil es an der Bereitschaft (oder Fähigkeit) fehlt, klare Kommunikationsziele und -strategien zu formulieren (Immerschitt 2009, S. 37 ff.).

Zur Erstellung der Kommunikationsstrategie gibt es zwei Vorgehensweisen (Freitag 2016, S. 340):

[1]zum Konzept der integrierten Kommunikation unter anderem: Bruhn 1995.

- Beim Inside-out-Vorgehen wird an den Prozessen des Projekts angesetzt und daraus die Kommunikationsstrategie festgesetzt.
- Wie muss man sich das vorstellen? Zuerst werden verschiedene Informationskategorien festgelegt. Solche Informationskategorien sind zum Beispiel der Projektmanagementplan, die Dokumentvorlagen, Meilensteine etc. Diese Punkte, die sich aus dem Projektmanagementplan ergeben, werden dann in einer Matrix festgehalten und auf ihren Kommunikationsbedarf hin überprüft. Im nächsten Schritt wird dann festgelegt, wie die Informationsweitergabe erfolgt und schließlich werden im dritten Schritt die Medien ergänzt, die in welcher Häufigkeit zum Einsatz kommen sollen.
- Beim Outside-in-Vorgehen ist das Vorgehen umgekehrt. Ausgangspunkt ist hier die Umfeld- oder Stakeholderanalyse.
- Von den Informationsbedürfnissen der Teammitglieder und der Stakeholder ausgehend werden Maßnahmen-, Inhalts- und Zeitplan entwickelt. Die Kommunikationsmatrix listet dann die Zielgruppen mit ihren Erwartungen auf. Daraus leitet sich dann der Informationsbedarf ab und stellt ihnen Kommunikationsinstrumente, Inhalte sowie Häufigkeit und Umfang der Kommunikation gegenüber (Stumpf und Brandstätter 2013, S. 220).

Unabhängig davon, welcher Zugang gewählt wird, sind stabile Beziehungen zu den verschiedenen Bezugsgruppen unabdingbar: „Das Projektmanagement erhöht die Erfolgschancen durch den Aufbau von Stakeholderbeziehungen, die genutzt werden können, um Bündnisse und Partnerschaften zu bilden. Es schafft Brücken zwischen den diversen Stakeholdern und verbindet die unterschiedlichen Kompetenzen sowie Perspektiven und Interessen in der Projektabwicklung" (Zandhuis et al. 2014, S. 127). Stabilität in den Kommunikationsbeziehungen kann nur entstehen, wenn sie auf einem stabilen Fundament ruhen. Die Basis dafür ist die Baukultur. Damit ist gemeint, dass die Innenbeziehungen im Projektteam auf Vertrauen beruhen.

Diese Erkenntnis ist entscheidend, weil in Bau-Projektteams eher die zentrifugalen Kräfte denn die zentripetalen Kräfte vorherrschen. Will sagen: Es ist naheliegend, dass jeder der Beteiligten – als Teil eines eigenständigen Unternehmens – seinen eigenen „Schrebergarten" im Vordergrund sieht und vordergründig das große Ganze hintenanstellt. Diese Reibungsverluste zu vermeiden, ist eine wesentliche Aufgabe, die bereits bei der Konzeption der Projektkommunikation im Auge behalten werden muss.

Läuft es auf der menschlichen Ebene kollegial und mithin positiv, dann funktioniert die Zusammenarbeit. Steht der Kampf um die besten Plätze im Vordergrund, „finden sich die Beteiligten allzu schnell in einer ‚intriganten Kommunikation' wieder" (Flaskamp und Schmidbauer 2003, S. 18). Das wiederum sorgt für die Reibungsverluste und dauert in jedem Fall seine Zeit. Das Erfolgspotenzial hängt sehr stark von der Kooperationsbereitschaft der involvierten Personen ab. Eine der wesentlichen Aufgaben ist es deshalb, einerseits die interne Kommunikation am Laufen zu halten und sie entsprechend zu moderieren, um Bruchlinien von vorneherein erst gar nicht entstehen zu lassen.

Gehen wir einmal davon aus, dass es gelingt, intern die „Vertrauensspirale“ in Gang zu setzen. Dann gilt es im nächsten Schritt die Abstimmung zwischen interner und externer Kommunikation zu synchronisieren. Wenn die einzelnen Mitglieder im Projekt über den Stand des Projekts und die geplanten Kommunikationsmaßnahmen ausreichend informiert werden, ist die Gefahr viel geringer, dass von einzelnen Akteuren Maßnahmen der Außendarstellung gesetzt werden, die in Teilen falsch und damit für das Gesamtprojekt kontraproduktiv sind.

Aufgabe der Person, die mit der Projektkommunikation betraut ist, ist die Weitergabe umfassender Informationen an alle internen Stakeholder. Das setzt voraus, dass Informationen nach außen inhaltlich und zeitlich gesteuert werden. Eine Voraussetzung dafür ist die organisatorisch taugliche Einbindung der Projektkommunikation in die Gesamtstruktur des Projektes.

2.4 Organisatorische Einbindung der Kommunikation in das Projektmanagement

Projektgruppen haben einerseits ein hohes Maß an Autonomie, was die Gestaltung der Arbeitsprozesse angeht. Andererseits sind sie aber von den Zielsetzungen und Präferenzen ihrer Auftraggeber abhängig. Bei größeren und damit komplexen Bauprojekten im Hoch- und Tiefbau delegiert der Bauherr die begleitende Kontrolle in der Regel an ein Projektmanagement, dessen Aufgabe im Wesentlichen darin besteht, die Kosten zu optimieren, die Qualität der Bauausführung und die Einhaltung der Termine zu kontrollieren.

Um das sicherzustellen, müssen zwischen allen Beteiligten sehr viele Informationen ausgetauscht werden. Das Risiko, dass dabei Informationsdefizite entstehen, ist groß. Das wiederum könnte zu einer deutlichen Minderung der Projektleistung führen, weil zwischen optimalem Informationsaustausch und der Gruppenkohäsion ein positiver Zusammenhang besteht (Zeutschel und Stumpf 2003, S. 2).

Die Frage der Verantwortlichkeit für die interne und externe Kommunikation in einem Bauprojekt ist gleich zu Beginn der Vorbereitung eines Projekts zu beantworten. Wir plädieren dafür, dass für die interne Kommunikation das Projektmanagement zuständig ist. Dabei ist die Frage (ehrlich) zu klären, ob die Kommunikationskenntnisse und -fähigkeiten ausgeprägt genug sind. Die Projektmanager, die als Experten befragt wurden, verneinen dies weitgehend, weil Techniker einen Zugang zu diesem Thema haben, der soziologische und organisationspsychologische Faktoren meist ausblendet. Damit kommen die „weichen Faktoren“ und interpersonelle Interaktionen eher zu kurz. Was ist die Lösung: Das Projektmanagementteam kann entweder einen Kommunikationsprofi – der Erfahrung im Bereich der aktiven Gestaltung der Projektkultur hat – integrieren oder eine Kommunikationsagentur mit dieser Aufgabe betrauen.

Was die externe Kommunikation betrifft, so ist diese Aufgabe des Bauherrn. Bei der Planung der Aufbaustruktur der Kommunikation ist deshalb eine stabile Schnittstelle zwischen der internen Kommunikation im engeren Projektteam und dem Kommunikationsstab des Auftraggebers herzustellen. Nachdem diese Frage geklärt ist, muss als nächster Schritt festgelegt werden, wie häufig die Projektkommunikation proaktiv auf die Kommunikationsverantwortlichen des Auftraggebers zugehen soll und über welche Kanäle. Hier macht es absolut Sinn, wenn beispielsweise Meilensteine definiert werden, zu denen es schriftliche oder mündliche Informationen gibt. Abhängig von der Größe eines Bauvorhabens lassen sich zu diesen Meilensteinen auch gleich entsprechende Maßnahmen der Öffentlichkeitsarbeit festlegen. Solche Meilensteine können etwa sein: Genehmigung in den kommunalpolitischen Gremien, Grundsteinlegung, Dachgleiche, Verkaufsbeginn der Wohnungen oder Aufstellung der ersten Produktionsanlagen etc. Was hier so selbstverständlich klingt, ist in der Praxis ganz offenbar nicht (immer) der Fall: Von Bauherrenseite wird häufig moniert, dass die Weitergabe von Informationen aus dem Projektteam heraus an den Bauauftraggeber meist nur auf Anfrage funktioniert. Das Organigramm in Abb. 2.1 zeigt, wie die Kommunikation über eine eigene – an das Projektmanagement angedockte – Kommunikationseinheit gesteuert werden kann.[2]

Von der Projektkommunikation (PK) verlaufen Informations- und Feedbacklinien zum Bauherrn, der von ihm beauftragten Geschäftsführung des Projekts selbst und auch zu den ausführenden Unternehmen. Die Herausforderung dabei ist, dass alle Beteiligten intern auf dem gleichen Informationsstand gehalten werden. Wird diese Aufgabe richtig erledigt, können Informationen korrekt und für die Stakeholder verständlich aufbereitet werden.

Verständlichkeit wiederum ist eine Grundvoraussetzung für erfolgreiche Öffentlichkeitsbeteiligung (Beirat für Raumentwicklung 2012, S. 6). Die Projektkommunikatoren müssen sich als Dienstleistungseinheit des Projektmanagements und des Bauherrn verstehen. Kontraproduktiv wäre es, wenn die übertragene Aufgabe zur Profilierung der eigenen Person oder Agentur missbraucht würde.

2.5 Kommunikatoren nach innen und außen

Unser Organisationsschema geht also davon aus, dass die Projektkommunikation unmittelbar an das technische und kaufmännische Projektmanagement angedockt wird. Natürlich sind auch andere Eingliederungsmodelle[3] denkbar, uns erscheint diese Lösung aber am sinnvollsten.

Im Projektmanagement laufen alle Informationsstränge zusammen. Das wird in der Abb. 2.1 durch die unterschiedlich gekennzeichneten Informationsstränge verdeutlicht. Diese Bündelung der Kommunikationsstränge ist Voraussetzung dafür, dass die Funktion

[2]siehe www.plenos.at/Projektkommunikation.

[3]Zu den traditionellen Formen der Projektorganisation siehe ausführlich Huber, Weissenböck (2013), S. 47–72 und den neuen Projektabwicklungsformen im Hoch- und Infrastrukturbau 73–103.

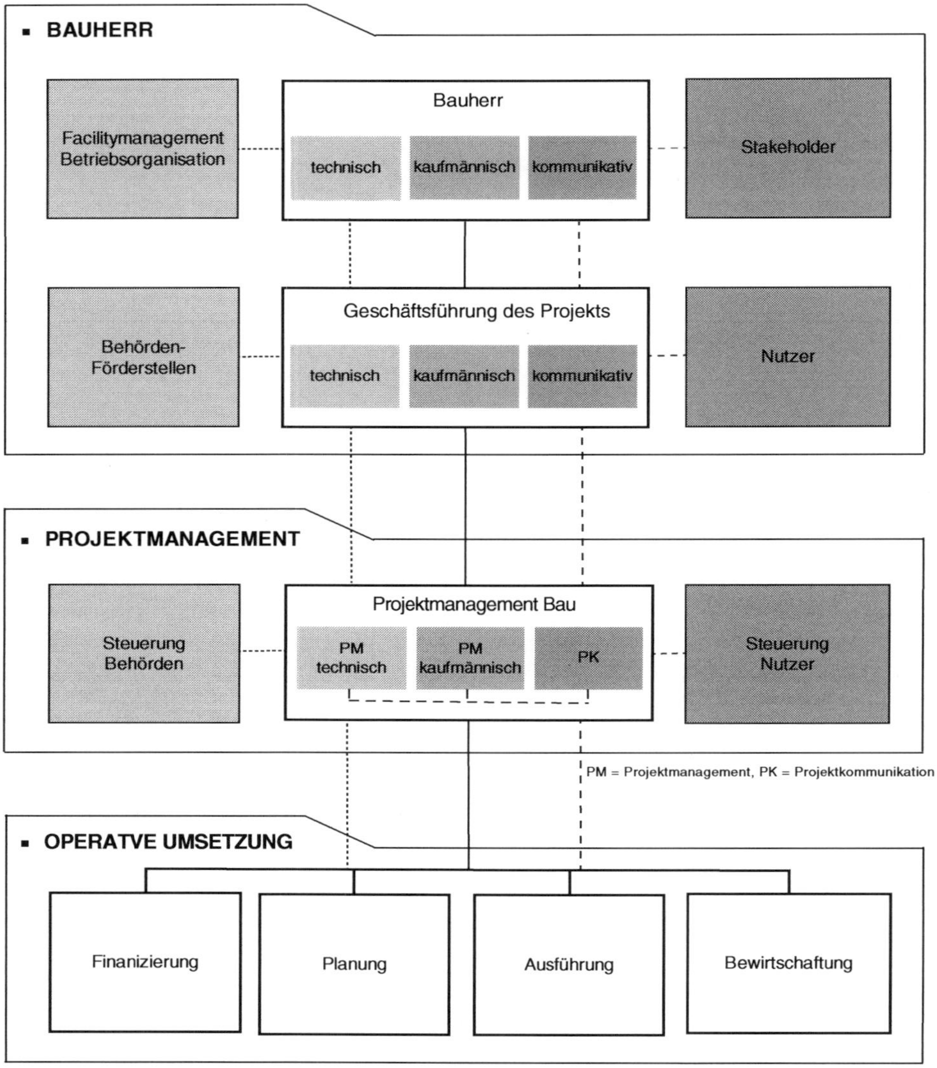

Abb. 2.1 Organigramm. (Quelle: plenos – Agentur für Kommunikation)

als Schaltstelle für die interne und externe Kommunikation optimal wahrgenommen und die Projektmoderation durchgeführt werden kann.

Im Innenverhältnis ist es die Aufgabenstellung, den Dialog aller Beteiligten am Laufen zu halten und Friktionen zu verhindern. Nach außen ist es Aufgabenstellung der Projektkommunikation, die kommunikationsrelevanten Inhalte für die verschiedenen Stakeholder aufzubereiten. Die unmittelbare Umsetzung der externen Kommunikationsmaßnahmen muss keinesfalls zwingend mit inbegriffen sein. In der Praxis wird es eher so sein, dass die externe Kommunikation zu den Stakeholdern über den Bauherrn läuft und zu den späteren Nutzern über die Geschäftsführung des Projekts.

Alle Kommunikationsabteilungen oder -verantwortliche auf den drei Stufen sollten jedoch aus dem Projekt-Kernteam heraus über die Projektkommunikation mit Content für deren Öffentlichkeitsarbeit versorgt und auch beraten werden, wie die Außendarstellung in der jeweiligen Phase am zielführendsten stattfinden kann.

Eine zentrale Kategorie von integrierter Kommunikation ist ihre Glaubwürdigkeit. Sie entsteht durch Kongruenz von Handeln und Kommunizieren. Diese Kongruenz kann im Rahmen des eben vorgestellten Organisationsmodells erreicht werden.

2.6 Prozessorientiertes Phasenmodell

Nachdem die Frage der Aufbauorganisation geklärt ist, ist der nächste Schritt in der Gestaltung integrierter Kommunikation die Erstellung eines konsistenten Kommunikationskonzepts. Das beinhaltet auch das strategische Timing. Bei Bauprojekten haben wir den Vorteil, dass die Projektphasen von der Entwicklung bis zur Übergabe vorgegeben sind. Das reduziert die Komplexität der Aufgabenstellungen etwas, weil durch die einzelnen Phasen des Bauvorhabens das strategische Timing vorgegeben ist.

„Mit der fortschreitenden Projektentwicklung verändern sich die Kommunikationsaufgaben: Bei Projektbeginn müssen organisatorische Kommunikationsroutinen erst aufgebaut, während der Umsetzung organisiert und bei Prozessabschluss wieder aufgelöst werden" (Freitag 2016, S. 295).

In wie viele Phasen ein Bauprojekt unterteilt wird, hängt auch von der Größe ab. Bei größeren Vorhaben macht es aber Sinn, die in Abb. 2.2 aufgelisteten sechs Phasen zur Unterteilung entlang der Zeitachse zu verwenden. In jeder dieser Phasen gibt es Ansprüche und Risiken für das Projektmanagement und die Projektkommunikation. Um diese steuern zu können, sind Leistungen zu erbringen, mit denen ein positiver Output erreicht wird.[4]

In den ersten vier Phasen richtet sich die Aufmerksamkeit der Projektkommunikation auf die Akzeptanz und Einstellung gegenüber dem Projekt. Am Beginn sollte jedenfalls ein offizieller Kick-off-Event stehen als „sichtbares und verbindliches Signal (dafür), dass das Projekt existiert und umgesetzt wird… Eine frühzeitige Kommunikation aus dem Projekt heraus beugt Gerüchten vor und verschafft dem Projekt eine aktive Rolle im Umgang mit seinen Stakeholdern" (Freitag 2016, S. 352). Während der Projektausführung geht es um Verständnis und Orientierung, rund um die Übergabe richtet sich der Fokus dann auf die Vermarktung und die Möglichkeiten für die Nutzer nach Bauabschluss.

---

[4]Diese Tabelle wurde von der Salzburger Projektmanagementfirma PM1 gemeinsam mit der Kommunikationsagentur Plenos erstellt. Siehe dazu www.plenos.at/Projektkommunikation.

Projektphasen	Risiken	Leistungsbereiche	Output
Projektentwicklung	Ungenaue Projektziele	Situationsanalyse Definition Kommunikationsziele Interne Kommunikationsstrukturen Strategieworkshop	Teambuilding Wissen über relevante Stakeholder Abgestimmte Kommunikationsstrukturen Kommunikationsplan inhaltlich, zeitlich und finanziell
Projektvorbereitung	Schlechtes Kommunikations-system	Stakeholder-Kontaktliste Kommunikationsrichtlinien Festlegung Maßnahmenplan Medientraining externe Kommunikation	Klare Kommunikationsstrukturen
Projektplanung	Unstrukturierter Planungsprozess	Erstellung Kommunikationsplan Festlegung Dialoggruppen Strategisches Timing	Wertschätzender Umgang Team Grundlegendes Info-Material Klare Kommunikationsschritte Eindeutige Ansprechpersonen
Behördenverfahren	Langwierige Verfahren mit vielen Auflagen	Informationsveranstaltungen Erstellung Basispressemappe Produktion Projektfolder Pressegespräch	Schaffung von Verständnis und Akzeptanz
Projektausführung	Hohe Kosten bei geringer Qualität	Umsetzung Kommunikationsplan Journalistengespräche Presseaussendungen Social Media und Onlineaktivitäten Projektteam-Moderation	Reduzierung von Widerstand Erhöhung der Projekteffektivität Einbindung Auftraggeber und Nutzer Positive Wahrnehmung und Reputation des Projekts Informierte Stakeholder Transparenz
Übergabe	Zu späte Übergabe mit Baumängeln	Abschluss-Pressegespräch Fotoshooting fertiges Projekt Evaluierung	Vermarktung des Projekterfolges

Abb. 2.2 Projektphasen und Output: Die Ansprüche an die Kommunikation verändern sich entlang der Zeitachse. (Quelle: pm1 projektmanagement und plenos – Agentur für Kommunikation)

Auch wenn die klar strukturierten Meilensteine auf der Zeitachse das strategische Timing etwas vereinfachen, ändert das nichts an der Tatsache, dass sich viele Handlungsstränge miteinander verschränken, die sich wechselseitig beeinflussen. Interne Vorgaben wollen berücksichtigt werden und externe Einflussfaktoren begrenzen das Handlungsfeld.

Die einzelnen Planungsschritte[5] können in drei Segmente eingeteilt werden, die in Abb. 2.3 als Übersicht dargestellt sind.

[5]Eine ausführliche Darstellung der Entwicklungsmethodik strategischer Kommunikation siehe Immerschitt (2009), S. 59–113.

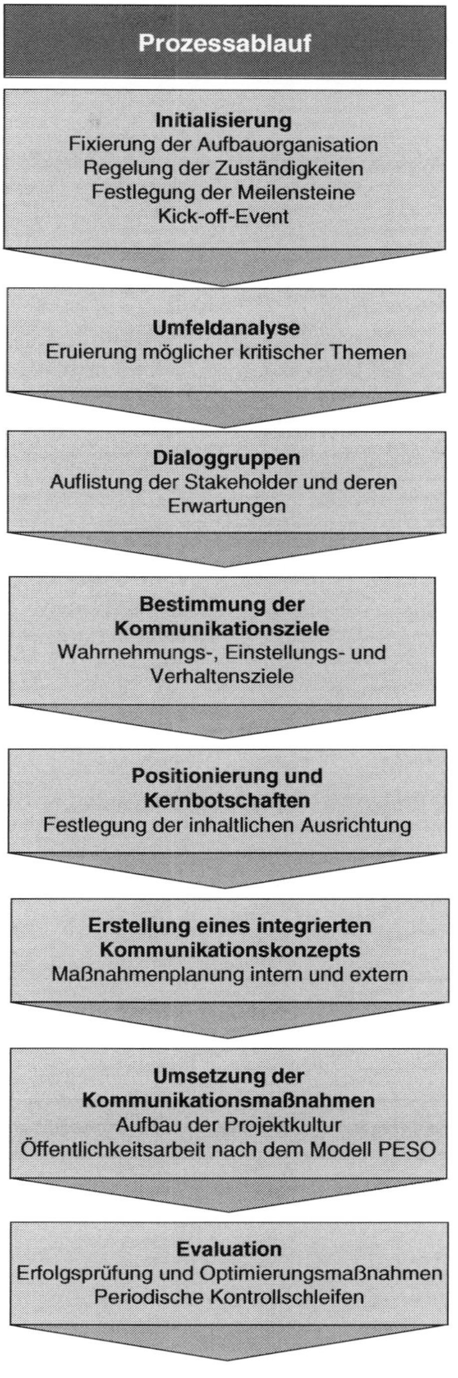

Abb. 2.3 Prozessablauf: Jede Kommunikationsstrategie durchläuft bei der Konzeption mehrere Analyseebenen, die sich mit dem Kommunikationsproblem, der Strategie und der Umsetzung befassen. (Quelle: Immerschitt)

2.7 Umfeldanalyse zur Eruierung kritischer Themen

Bei jedem Bauprojekt muss man sich letztlich schon in der Planungsphase die Frage stellen, wie der kommunikative Kontext aussieht, welche Widerstände es geben könnte und was eine friktionsfreie Kommunikation stören könnte. Die Erfassung des Umfeldes des Projekts liefert den Input für die Projektplanung, das Risiko- oder Änderungsmanagement, vor allem aber des Stakeholder-Managements. Dadurch werden Einflussgrößen rechtzeitig erkannt. Damit ist es möglich, proaktiv zu agieren und nicht bloß improvisiert zu reagieren (Freitag 2016, S. 353).

Freitag unterscheidet zwei Arten von Umfeld-Einflüssen:

- Organisatorisch-soziale Einflussgrößen werden von Personen oder Interessengruppen an das Projekt herangetragen. Sie werden durch die Stakeholderanalyse eruiert. Sie gehören entweder der gleichen Organisation an oder sind – wie in Bauvorhaben üblich – durch eine Vertragsbeziehung an das Projekt gebunden. Sekundäre Stakeholder entziehen sich dem Zugriff durch hierarchische oder vertragliche Bindungen, „was die Kalkulierbarkeit ihres Verhaltens und den Umgang mit ihnen deutlich erschwert" (Freitag 2016, S. 354).
- Sachlich-inhaltliche Faktoren sind auf politische, historische, rechtliche, technologische, ökologische oder Markteinflüsse zurückzuführen, bisweilen auch auf andere Projekte.

Am Beginn stehen Recherche und Briefing. Hier werden Fakten abgefragt und insbesondere die Erwartungshaltung des Auftraggebers des Bauvorhabens erhoben, zu dessen Anschauung aber zugleich auch eine „kritische Distanz" gewahrt sein muss, um die dahinterliegenden Probleme zu erkennen und angehen zu können. In dieser Phase ist vor allem zu analysieren, welche Gegner des Projekts es geben könnte. Häufig sind Konfliktlinien schnell ersichtlich, manchmal verbergen sie sich aber auch Fallstricke im Verborgenen, die nicht auf den ersten Blick erkenntlich sind. Eine detaillierte Stakeholder-Analyse lässt jedenfalls künftiges Verhalten der verschiedenen Personengruppen abschätzen.

Oft spielt bei Bauvorhaben auch ein gehöriges Maß an (politischem) Lokalkolorit mit. Manches Bauvorhaben muss auch mit einer „Vorgeschichte" leben, die zu berücksichtigen ist. Diese kommunikative Gemengelage kann in der Regel in einem Workshop mit den am Projektbeteiligten (vom Auftraggeber über Planer bis hin zu den Ausführenden) mittels einer Stärken-Schwächen-Analyse abgeklärt werden.

Dabei wird als angenehmer Nebeneffekt gleich noch eine gemeinsame Verständigungsebene zwischen allen Beteiligten hergestellt, die in dem konkreten Bauprojekt in genau dieser Zusammensetzung erstmals zusammenarbeiten. Der Startworkshop ist somit auch der Beginn einer moderierten internen Kommunikation. Hier findet Bewusstseinsbildung statt, werden Verständigungsprobleme beseitigt. Wenn er gut gemacht ist, ist dieser erste Termin der Beginn einer sich nach oben drehenden Vertrauensspirale und damit einer gedeihenden Baukultur.

2.8 Festlegung der Kommunikationsstrategie

Bei der Festlegung der Kommunikationsstrategie geht es um die Formulierung der Ziele, die Selektion der Dialoggruppen, die Bestimmung der Positionierung und Kernbotschaften. Effizienz bei der Erreichung der angestrebten Problemlösung und Effektivität in der Umsetzung bestimmen die strategische Analyse. Das bedeutet, dass mit einem vertretbaren Aufwand an Budgetmitteln ein optimales Ergebnis erzielt werden kann.

In unserem Modell der integrierten Kommunikation werden die verschiedenen Dialoggruppen und die verfügbaren Medien in einer verbindlichen Strategie zusammengefasst. „Durch die bereichsübergreifende Verzahnung aller Kommunikationsmaßnahmen zu einem geschlossenen System sollen alle Einzelaktivitäten unverwechselbar konzentriert werden. Dadurch wird Einheitlichkeit und Kontinuität in allen Teilbereichen eines Unternehmens erreicht: one project – one voice“ (Hofmann und Landmann 1995, S. 107).

2.9 Ziele und Dialoggruppen

„Der Mensch ist die entscheidende Komponente im Änderungsgeschehen. Ohne seine Einbindung im Veränderungsprozess ist ein Erfolg der angestrebten Maßnahmen zumindest gefährdet, denn Unwissenheit durch mangelnde Beteiligung macht den Menschen argwöhnisch und führt zu einer ablehnenden Haltung gegenüber dem Projekt“, hat das Berliner Bundesministerium für Inneres (2012, S. 64) in einem umfangreichen Leitfaden für das Management von Projekten in der Verwaltung formuliert. Das Gesagte gilt in besonders hohem Maß für Bauprojekte, die ja in besonderem Maß im Umfeld von betroffenen Menschen Veränderungen herbeiführen.

Die Kommunikationsziele müssen deshalb mit den Dialoggruppen verknüpft werden. Die Frage die sich stellt, lautet: „Was will ich bei wem erreichen?“. D. h. es wird zuerst die Dialoggruppe und dann in der Dialoggruppe das zu erreichende Kommunikationsziel definiert.

Die exakte Festlegung der prioritär zu sehenden Dialoggruppen ist schon deshalb notwendig, weil im Projekt nicht unbegrenzt Mittel zur Verfügung stehen. Da das so ist, muss eine Auswahl getroffen werden. Thomas Bohinc hat dies mit einer einfachen Formel über die Zahl der Kommunikationskanäle verdeutlicht. Sie lautet: $n \times (n - 1)/2$. Die Variable n steht für die Zahl der Stakeholder. Wenn also 4 Stakeholder angesprochen werden sollen, lautet die Formel 4 mal 3 dividiert durch $2 = 6$. Das heißt, bei 4 Stakeholdern stehen 6 Kanäle offen, bei 20 sind es schon 190! „Die Kommunikation im Projekt ist dann effektiv, wenn die Informationen im richtigen Format zur richtigen Zeit zur richtigen Zielgruppe mit der beabsichtigten Wirkung übermittelt werden. Darüber hinaus zeichnet sich effektive Kommunikation auch dadurch aus, dass keine unnötigen Informationen übermittelt werden, sondern nur die, welche tatsächlich benötigt werden“ (Bohinc 2016, S. 27).

Die zwei wichtigsten Kriterien, die die Auswahl leiten, sind die Verletzlichkeit des Projekts und das Einflusspotenzial einzelner Gruppen. „Sind Sie in einem Bereich besonders leicht angreifbar und vermag eine Teilöffentlichkeit einen großen Einfluss auf Sie auszuüben, sollten Sie der Beziehungspflege [...] besonderes Augenmerk schenken“ (Wallinger 1994, S. 24 ff.). Es wäre freilich vollkommen falsch, nur solche Gruppen ins Visier zu nehmen, die negativen Einfluss ausüben können.

Das ist im Übrigen einer der am häufigsten gemachten Fehler in der Kommunikation für Bauvorhaben: Der Fokus wird auf diejenigen gelegt, die am meisten Gegenwind erzeugen, statt sich jenen zu widmen, die Informationsbedarf haben, aber keine Fundamentalopposition ausüben.

In der Praxis ist es zudem viel wichtiger, die Dialoggruppen in die Kommunikationsstrategie einzubeziehen, die unterstützend wirken können. Diejenigen, die einem Bauprojekt unentschieden gegenüberstehen, kann man durch sachliche und fundierte Information für sich gewinnen (Bund Deutscher Baumeister 2002, S. 1).

„Proteste kann es immer geben. Es ist aber ein gewaltiger Unterschied, ob es sich dabei um eine kleine isolierte Gruppe handelt oder ob die Gegner eines Projekts eine Mehrheit für sich gewinnen können“ (Bund Deutscher Baumeister 2002, S. 2).

Es darf aber auch nicht der Fehler gemacht werden, Kommunikationswillige und -interessierte auszuschließen. Das schafft Abgrenzungsprobleme und damit zusätzliche Konflikte (Beirat für Raumentwicklung 2012, S. 4).

Die Frage nach den anzusprechenden Dialoggruppen lässt sich aus mehreren Blickwinkeln beantworten:

- Liegt eine Betroffenheit vor?
- Besteht die Bereitschaft zur aktiven Kommunikation?
- Passen die soziodemografischen, Einstellungs- und Verhaltensmerkmale des Personenkreises zu meinem Kommunikationsansatz?

Dieser Ansatz ist insbesondere auch unter dem Aspekt der Auswahl von potenziellen Multiplikatoren, von Befürwortern oder Gegnern bedeutsam. Natürlich ist in jedem einzelnen Fall genau zu schauen, welche Dialoggruppen mit welcher Zielsetzung angesprochen werden müssen. Jeder Fall liegt anders und erfordert eine genauere Analyse. Die Abb. 2.4 zeigt, wie eine solche Aufteilung der Dialoggruppen in einem Bauprojekt aussehen könnte.

Unterschiedliche Stakeholder bewegen unterschiedliche Fragen zum Projekt: Für generelle Projekte hat Katja Nagel (2012, S. 61) die wichtigsten Fragen zusammengestellt, die sich die Mitglieder des Projektteams, der Auftraggeber, Kunden und Öffentlichkeit stellen. Diese Fragestellungen können auf Bauprojekte recht gut übertragen werden (s. Abb. 2.5).

Nachdem wir nun die Auswahl der Dialoggruppen für das Projekt vorgenommen haben, wenden wir uns der Definition der Kommunikationsziele zu. Im Sinne des Ansatzes der integrierten Kommunikation dürfen sich die Ziele nicht widersprechen. Das ist

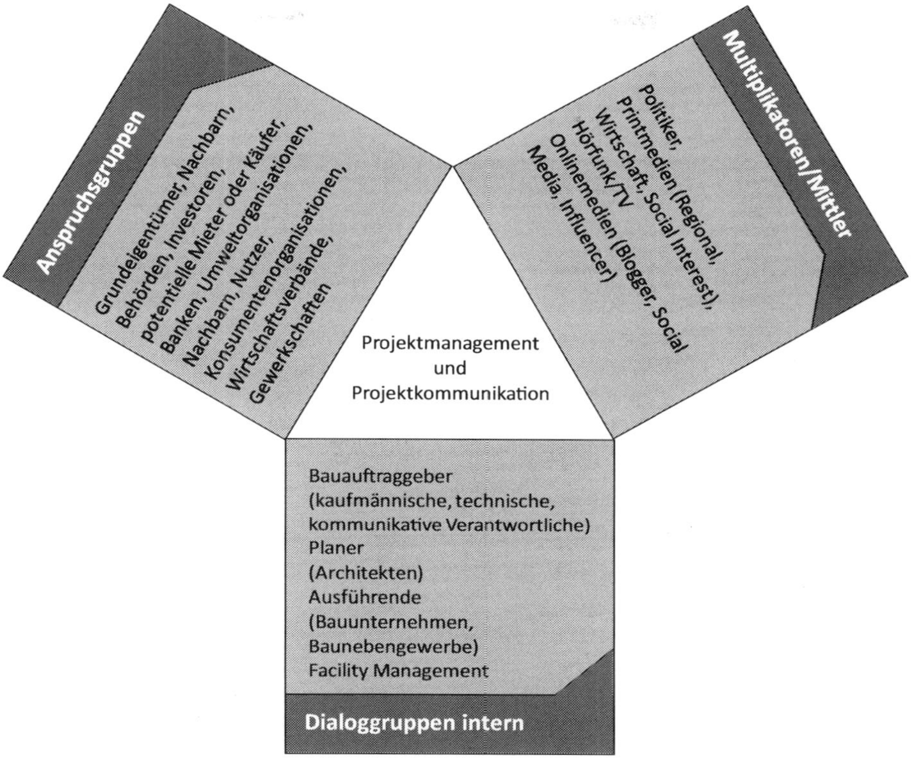

Abb. 2.4 Anspruchsgruppen, Dialoggruppen und Mittler: Je genauer die Dialoggruppen definiert werden, desto exakter können die Kanäle definiert werden, über die sie erreicht werden. (Quelle: plenos – Agentur für Kommunikation)

gerade bei Nutzern oder dem Projektmanagement durchaus zu differenzieren. Sie müssen um einen einheitlichen Kommunikationswillen in Einklang gebracht werden. Dabei kann es durchaus sein, dass Zieldifferenzen in einem moderierten Prozess beigelegt werden müssen.

Kommunikationsziele lassen sich in Kategorien einteilen:

- **Wahrnehmungsziele:** In diese kognitive Kategorie gehört alles, was Aufmerksamkeit weckt, Bekanntheit schafft und Wissen vermittelt. Aufmerksamkeit ist eine knappe Ressource, aber Voraussetzung für alle Prozesse von Informationsvermittlung und -verarbeitung. Bei größeren Bauprojekten kann davon ausgegangen werden, dass die Aufmerksamkeit aus unterschiedlichsten Gründen von Anfang an gegeben ist. Da sich das Geschehen im öffentlichen Raum abspielt, ist die Wahrnehmung immer gegeben. Während in der klassischen Unternehmenskommunikation überhaupt Gehör zu finden ein zentrales Anliegen ist, muss der Fokus in unserem Fall eher auf die beiden anderen Kategorien gelenkt werden.

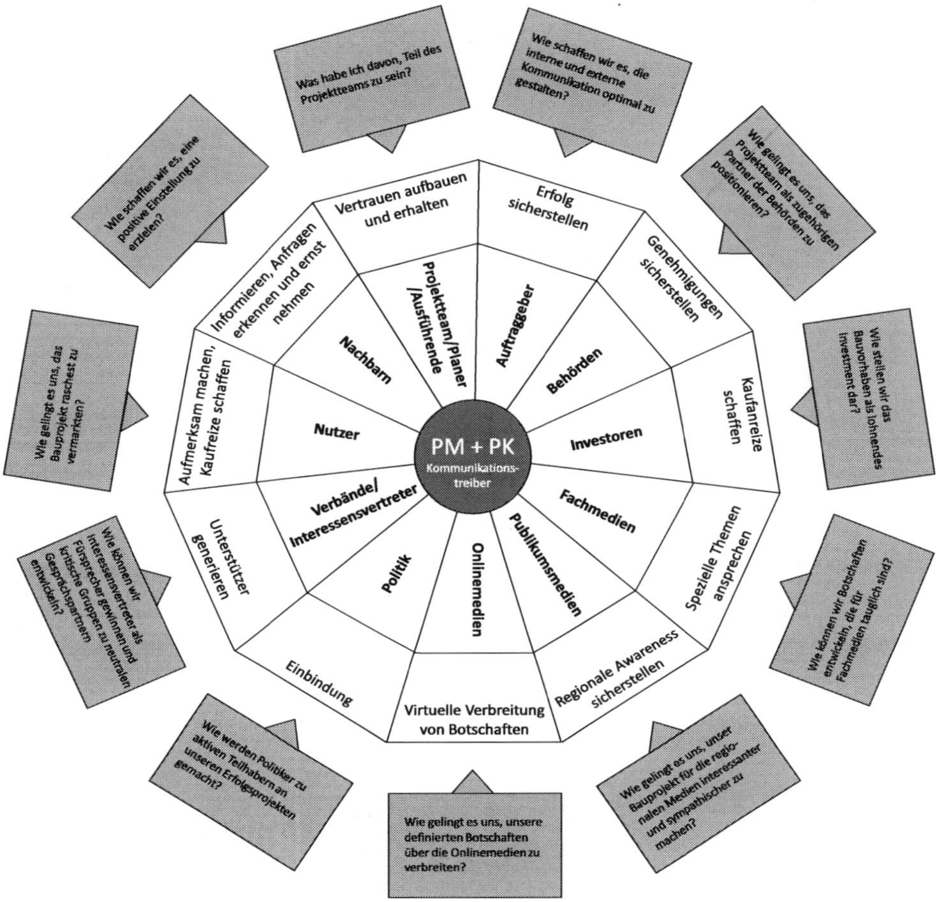

Abb. 2.5 Projektteam: Jede Dialoggruppe hat spezielle Fragen, die sie an das Projekt stellt. (Quelle: plenos – Agentur für Kommunikation)

- **Einstellungsziele:** Sie setzen auf der emotionalen Ebene an, wollen also Akzeptanz steigern, Image stärken und Sympathie schaffen. Akzeptanz ist Voraussetzung für das Schaffen von Handlungsspielräumen. Bei Großbauten ist ein gewisser Konsens zwingend notwendig, weil sonst zu viele offene Flanken in der Kommunikation entstehen und die Gegner eines Projekts – die es immer geben wird – sich mit der Bildung von Allianzen gegen das Vorhaben leichttun.
- **Verhaltensziele:** Diese „aktivierenden" Ziele bewegen sich auf der operationalisierbaren Ebene. Dabei geht es um soziales Vertrauen als Basis für die Stabilität und Belastbarkeit von Beziehungen. Hier wird definiert, wie die Nachbarn in die Projektkommunikation eingebunden werden sollen, wie viele Besucher etwa zu Informationsveranstaltungen über das Projekt kommen oder wie sich Einstellungen der Dialoggruppen verändern sollen.

In den einzelnen Projektphasen gibt es verschiedene Ansprüche, weshalb auch die Ziele unterschiedlich sind, die in der Projektkommunikation verfolgt werden müssen:

- In der **Entwicklungsphase** gilt es, klare Kommunikationsstrukturen zu entwickeln. Gerichtet ist diese Aufgabenstellung auf das künftige Verhalten der Projektteilnehmer, die eine vertrauensvolle Kommunikationsstruktur leben sollen.
- In der **Vorbereitungsphase** wird Vertrauen zu verschiedenen Stakeholdern aufgebaut. Die Zielkategorie sind hier die Einstellungen der Teammitglieder aber auch verschiedener externer Stakeholder.
- In der **Planungsphase** ist der primäre Anspruch, Vertrauen zwischen Projektmanagement, Architekt und anderen planenden Gewerken herzustellen. Auch hier bewegen wir uns auf der Zielebene der Einstellungen.
- Im Zuge der **Behördenverfahren** geht es um einen abgestimmten professionellen Auftritt des gesamten Projektteams. Das Wahrnehmungsziel als echtes Team mit klaren Strukturen und Plänen steht hier im Vordergrund. Dahinter steht das Verhaltensziel, dass die Behörden das vorgelegte Projekt genehmigen sollen.
- In der **Ausführungsphase** ist der Anspruch, dass Verständnis und Orientierung bei den unterschiedlichsten Stakeholdern herbeigeführt wird. In dieser Phase ist die Kommunikation am intensivsten – sowohl nach innen als auch nach außen. Zielkategorien finden sich auf allen drei Ebenen, wobei intern Verhaltensziele im Vordergrund stehen – also die Aufrechterhaltung einer gedeihlichen, auf wechselseitigem Vertrauen aufbauenden Projektkultur. Extern sind es Einstellungsziele, die primär verfolgt werden. Denn solange das Projektteam als seriöser Gesprächspartner mit Verständnis für die Anliegen der Stakeholder ist, werden auch die Verhaltensziele in der Regel erreicht.
- Bei der **Übergabe** gilt es, Ergebnis und Nutzen des Bauprojekts darzustellen. Sollte es bis dahin noch nicht gelungen sein, bei den künftigen Nutzern bekannt zu sein, steht an erster Stelle das Wahrnehmungsziel, aus dem als Verhaltensziel entweder der Kauf oder die Miete des Gebäudes oder Teile davon abgeleitet wird.

Ziele müssen realistisch sein. Sie müssen mit den bereitgestellten Mitteln auch erreicht werden können. Kommunikation kann Interessen einzelner Bezugsgruppen in einem Bauprojekt nicht wegdiskutieren, es kann aber versucht werden, Widersprüche so weit aufzulösen, dass zumindest konstruktive Gespräche möglich sind.

Um das an häufig vorkommenden Beispielen zu erklären: Jedes Bauvorhaben bedeutet erhöhte Lärm- und Staubentwicklung. Diesen Befürchtungen kann begegnet werden, indem Kernarbeitszeiten auf der Baustelle festgelegt werden und beispielsweise wöchentlich eine Kehrmaschine die verschmutzten Zufahrtsstraßen reinigt oder eine Reifenreinigungsanlage für die Reifen der LKW, die Aushubmaterialien wegfahren, installiert wird.

Wenn Sie ein Bauprojekt planen, auf dessen Nordseite Gebäude liegen, denen jedwede Sonneneinstrahlung genommen wird, können Sie versuchen, durch Abstufung von Höhen den betroffenen Nachbarn entgegenzukommen (falls das möglich ist). Beim Bau einer Starkstromleitung können Verständigungslinien etwa über die Herstellung größerer Abstände zu bestehenden Bauten hergestellt werden.

Ziele sind mithin immer individuell abgestimmt auf den jeweiligen kommunikationsspezifischen Veränderungsbedarf hin zu formulieren. Jedes Kommunikationskonzept ist deshalb auch einzigartig, weil es genau auf spezifischen Kontext des jeweiligen Bauvorhabens hin zu formulieren ist. Und schließlich müssen die Ziele nachprüfbar sein. Wenn sich die für die Projektkommunikation Verantwortlichen mit dem Auftraggeber, den Nutzern, dem Projektmanagement und den ausführenden Planern und Handwerkern vorab auf eine Hürde geeinigt hat, die es erfolgreich zu überspringen gilt, dann ist der erzielte Erfolg nachvollziehbar und wird als gemeinsame Leistung wahrgenommen.

2.10 Das Bauprojekt bewusst positionieren

Seit Paul Watzlawick wissen wir, dass wir immer kommunizieren, auch wenn wir das gar nicht wollen. Der in Villach geborene und später in den USA lehrende Kommunikationswissenschaftler hat das in dem vielfach – wenn auch meist verkürzt – zitierten pragmatischen Axiom[6] zusammengefasst: „Man kann nicht nicht kommunizieren, denn jede Kommunikation (nicht nur mit Worten) ist Verhalten und genauso wie man sich nicht nicht verhalten kann, kann man nicht nicht kommunizieren" (Watzlawik o. J.).

Die Summe aller Botschaften, die wir bewusst oder unbewusst aussenden, ist dann die Positionierung. Sie beantwortet die Frage: „Wer bin ich und wie will ich wahrgenommen werden?" Die Positionierung eines Bauprojekts beschreibt dessen Zukunft aus dem Blickwinkel der sie umgebenden Öffentlichkeit.

Die bewusste Positionierung beantwortet die Frage: Wer bin ich und wie will ich wahrgenommen werden? Sie beschreibt die Zukunft des Unternehmens aus dem Blickwinkel der sie umgebenden Öffentlichkeit. Sie ist mithin identitätsstiftend, sie legt ein anzustrebendes positives Vorstellungsbild (Image) in den Köpfen der Zielgruppe fest. Claudia Cornelsen hat das in ihrem Buch über „PR-Gags, die Geschichte machten" im Titel zusammengefasst: „Lila Kühe leben länger" (Cornelsen 2001).

Positionierung ist also der kommunikative Inhalt, der sich im Bewusstsein der relevanten Adressaten als eine bestimmte Meinung festsetzt und einen Einfluss auf deren Emotionen, Einstellungen und Verhaltensweisen ausübt. Die Kernfrage ist also: Welches Meinungsbild will ich mit meinem Bauprojekt vermitteln? Die Positionierung bestimmt damit folgerichtig auch die kommunikative Leitidee. Eine solche Leitidee braucht es gerade bei Bauprojekten, denn nur so kann es gelingen, die zentrifugalen Kräfte auf eine gemeinsame Linie zu bringen.

[6]ein pragmatisches Axiom ist ein grundlegender Lehrsatz, der ohne Beweis einleuchtet und ganz einfach der Praxis des Lebens entspricht.

Was ist damit gemeint?
Für den Auftraggeber (den Bauherrn), der nicht zugleich auch späterer Nutzer ist, geht es darum, das Bauvorhaben so zu positionieren, dass es für mögliche Käufer oder Pächter besonders attraktiv ist. Nehmen wir das Beispiel eines Einkaufszentrums: Dessen Errichter wird den Benefit für künftige Shoppartner in den Vordergrund stellen. Bei einer Wohnanlage wird der Bauherr die Vorzüge der Wohnungen preisen wollen. Für den Architekten geht es hingegen darum, die gewählte Formensprache in den Vordergrund zu stellen, um so das eigene Image als kreativer Planer zu befördern. Für den Projektmanager wiederum steht die reibungslose Abwicklung im Vordergrund, das Ineinandergreifen aller Gewerke, die strikte Einhaltung der vorgegebenen Baukosten im vorgegebenen Zeitrahmen. Diese verschiedenen Positionierungsstränge gilt es ohne Knoten miteinander zu verbinden.

2.11 Einheitliche Botschaften nach innen und außen vermitteln

Die Topografie der Kommunikationsthemen wird durch die Themenfelder und Dachbotschaften markiert, aus denen dann Teilbotschaften und Storys abgeleitet werden können. Wir haben es also mit einer Hierarchie von Botschaften zu tun: Kommuni kative Leitidee – Kernaussagen – Einzelaussagen. Schließlich ist auch noch die Tonalität der Inhalte zu definieren.

Die richtigen Botschaften zu finden und verständlich zu vermitteln ist ein offensichtlich nicht ganz einfaches Unterfangen. Darüber herrscht bei den befragten Experten ein hoher Grad an Übereinstimmung. Es ist offenbar so, dass bei technischen Themen eine Lücke zwischen dem fachlichen Selbstverständnis und der Vermittlungskompetenz besteht: Gerade Spezialisten sind der Erfahrung nach nicht besonders gut darin, über ihr Fachgebiet anders denn als in ihrer Fachsprache zu kommunizieren.

„Da Projektteams meist aus Spezialisten bestehen, ist die notwendige empfängergerechte Aufbereitung der Informationen eine originäre – wenngleich allzu oft übersehene – Aufgabe der Projektkommunikation“ (Nagel und Wild 2016, S. 6). Die Verantwortlichen für die Projektkommunikation müssen gut darin sein, das Technikerdeutsch in allgemein verständliche Sprache zu übersetzen, ohne dabei trivial zu werden. Häufig kommt es zu Missverständnissen, weil die Einen in erster Linie für ihre Branchenkollegen kommunizieren wollen, während es tatsächlich darum geht, interessierte Laien zu informieren und zu überzeugen.

Bisweilen kann es durchaus amüsant werden, wenn die Techniksprache auf den normalen Sprachgebrauch trifft. Ich möchte dazu eine kleine Anekdote erzählen. Das Salzburger Landessport- und Universitätszentrum, auf dem auch österreichische Olympioniken trainieren, besitzt einen Kletterturm, der weithin sichtbar in die Landschaft gebaut wurde und eine Besteigung außen und innen ermöglicht. Als der zuständige Landespolitiker seinerzeit über dieses Bauwerk bei einem Pressegespräch berichtete, wollte er die Landschaftsschützer mit folgenden Worten beruhigen, die die versammelten Journalisten zu wahren

Lachstürmen bewegte: „Der Kletterturm wird natürlich nach Fertigstellung eingebäumt." Bei diesem misslungenen Bild fängt das Kopfkino sofort zu spielen an, kreiert fantastische Vorstellungen wie so ein hoch aufgemauerter Steinturm in Bäume eingewickelt wird.

Einmal von derartigen misslungenen Sprachschöpfungen abgesehen, sollte bei der Arbeit an den Botschaften immer die Dialoggruppe im Vordergrund stehen. Sie sollten sich daran orientieren, was die jeweilige Dialoggruppe interessiert und nicht (nur) daran, was das Unternehmen gerne erzählen möchte: „Do not write about your company and your products. Thought leadership content is designed to solve buyer problems or answer questions" (Meerman Scott 2007, S. 138).

Die Sprache muss also auf die Bedürfnisse der Anzusprechenden eingehen. Das erfordert Einfühlungsvermögen, Recherche über das kommunikative Umfeld der Zielgruppe und Anpassungen in der Diktion. Es ist effektiv, erst einmal zuzuhören, bevor man selbst spricht. Viele Probleme würden erst gar nicht entstehen, wenn die Anliegen der verschiedenen Stakeholder wahr- und ernst genommen würden.

Zu viele und zu heterogene Botschaften sind kontraproduktiv, weil sie ein diffuses Bild entstehen lassen. Deshalb gilt es, nicht zu viele Botschaften zu vermitteln. Denn die können sich die Angesprochenen nicht merken. Es entsteht eine babylonische Sprachverwirrung, ein diffuses Bild statt eines klar umrissenen Profils.

Botschaften müssen sich vom Einheitsbrei positiv abheben. Dazu bedarf es kreativer kommunikativer Ansätze. Ein Hinweis, der gar nicht dick genug unterstrichen werden kann. Denn: Ohne Kreativität ist alles Nichts in der Öffentlichkeitsarbeit. Ein gutes Handwerkszeug ist Voraussetzung, um überhaupt reüssieren zu können, aber ohne die „Königsidee" schafft es die Botschaft nicht mehr zum Konsumenten.

Das unbedingt notwendige proaktive Herangehen an Themen ist eine Sache, Issues entstehen aber auch oft exogen und müssen dann entsprechend professionell behandelt werden. „Je eher man sich auf solche Debatten einlässt, desto ungewohnter zwar, aber auch desto leichter sind sie zu führen: nicht nur, weil die Zahl der Teilnehmer am Gespräch umso überschaubarer bleibt, je früher es einsetzt, sondern auch weil die Gesprächsbereitschaft umso größer sein wird, je unfertiger das Gedankengebäude entwickelt ist, um das es geht" (Brauer 1993, S. 363 ff.).

Strategische Kommunikation verlangt demnach nicht nur verständliche Botschaften, sie erfordert auch Issue-Management. Damit ist die systematische Auseinandersetzung mit den Anliegen der Stakeholder gemeint. Wie viele Missverständnisse würden sich vermeiden lassen, wenn die Menschen einander zuhören würden? Simon und Garfunkel haben das in einer Textzeile Ihres Megahits „Sound of Silence" treffend auf den Punkt gebracht: „People hearing without listening." Gemeint ist damit, dass Leute etwas hören ohne zuzuhören (und zu verstehen). Jens-Uwe Meyer vergleicht die Rezeption uninteressanter Botschaften mit dem Spamfilter: „Ausblenden und Abschalten zählt zu den elementaren Überlebenstaktiken im Informationsdschungel" (Meyer 2007, S. 8).

Kommunikative Überforderung entsteht aus mangelnder Bereitschaft, sich mit den Bedürfnissen des Gegenübers einzulassen und „basiert zu einem erheblichen Teil auf einer fehlenden kontinuierlichen und systematischen Beobachtung der Organisationsumwelt,

d. h. vor allem auf nicht vorhandenen oder nicht funktionierenden strategischen Frühaufklärungssystemen in der Unternehmenskommunikation" (Röttger und Preusse 2008, S. 159). Je früher die Projektkommunikation kritische Themen erkennt, sie benennt und sie steuert, desto einfacher und billiger ist der Einfluss auf sie. Letztlich bringt das auch signifikante Auswirkungen auf die Reputation des gesamten Bauvorhabens (Meijer und Kleinniejenhuis 2006, S. 543 ff.).

Zu beachten ist schließlich, dass das Modell der integrierten Kommunikation nach konsistenten, widerspruchsfreien, klaren und verständlichen Botschaften verlangt. Das bedeutet, dass die Kernbotschaften der externen Kommunikation nicht von denen der internen abweichen dürfen. Umgekehrt ist eine längerfristige Positionierung die Grundlage für die erfolgreiche Projektkommunikation, Merz nennt sie eine „Art Lebensversicherung" (Merz 2010, S. 6). Er hat in seiner Masterarbeit eine Checkliste für die kommunikative Positionierung erstellt (Tab. 2.1):

Wie können positive Botschaften bei einem Bauprojekt aussehen?
Nehmen wir das Beispiel des Neubaus eines Krankenhauses: Hier lassen sich sehr gut einige Leitthemen herausarbeiten, die eine große Zahl an Rezipienten ansprechen: „Erhaltung und Ausbau des Klinikstandorts" ist in Zeiten der Schließung von Krankenhäusern schon ein sehr gutes Argument für die Bewohner der Region. „Neubau schafft Raum für Spitzenmedizin mit modernster Ausstattung" spricht das Sicherheitsbedürfnis an, im Krankheitsfall die optimale Behandlung erfahren zu dürfen. „Klinikbau der Moderne" (Kotlorz 2007)[7] signalisiert den künftigen Patienten, dass sie hier in besten medizinischen Händen sein werden. Themen bei Klinikneubauten sind neben den medizinischen Aspekten auch immer wieder die Themen Energieeffizienz und Ablaufoptimierung. Beides signalisiert, dass der private oder kommunale Klinikbetreiber die Kosten im Interesse der Versicherten im Blickfeld hat.

Der Aspekt der Baukosten hat generell sehr hohe Priorität: Gerade bei öffentlichen Bauten gibt es eine Sensibilität der Öffentlichkeit bezüglich der Überziehung der Baukosten. Umso größer ist die Freude, wenn eine Unterschreitung der Kosten – womöglich sogar noch in Verbindung mit einer verkürzten Bauzeit – vermeldet werden darf.[8] Der Spiegel hat sich 2015 dem Thema angenommen und die Tops und Flops der deutschen Bauprojekte – gemessen an den Baukosten – aufgelistet (Diekmann 2015). Lobende Erwähnung fanden in diesem Artikel Die Autobahn A8 von Augsburg nach München (im Übrigen die erste privat finanzierte Autobahn Deutschlands, die mit einem ÖPP-Modell umgesetzt wurde) steht mit einer Unterschreitung der geplanten Baukosten um 23 % ganz oben in der Top-List.

[7]So apostrophierte Helios seinen 200-Millionen-Bau in Berlin Pankow. http://www.welt.de/regionales/berlin/article907765/Groesster-privater-Krankenhausneubau.html, abgerufen am 14.11.2015.

[8]Ein Beispiel für viele ist die Übergabe des neuen Bibliotheksgebäudes an die Hochschule für Musik in Detmold durch die BLB (Bau- und Liegenschaftsbetrieb NRW. https://www.blb.nrw.de/BLB_Hauptauftritt/Presse/150513/index.php, abgerufen am 2. August 2016.

Tab. 2.1 Checkliste für die kommunikative Positionierung von Projekten. (Quelle: Merz 2010, S. 14)

Fragestellung	Resultat	Weitere Schritte
Kerninhalt und übergeordnete Ziele		
Was wird gebaut? Wo wird gebaut? Warum wird gebaut? Wie wird gebaut? Wie weit ist das Projekt bereits fortgeschritten? Worin bestehen die inhaltlichen Projektziele?		
Einschätzung des Bauherrn, seine Vorstellungen und öffentliche Wahrnehmung		
Welche Werte sind dem Bauherrn wichtig? Was ist sein Auftrag? Was ist seine Geschichte und seine Kultur? Wie wird der Bauherr in der Öffentlichkeit wahrgenommen? Gibt es wunde Stellen? Welche bisherigen Projekte wurden realisiert? Gab es spezielle Erfolge oder Misserfolge? Welchen Handlungsbedarf sieht der Bauherr und aus welchen Gründen? Was sind seine Vorstellungen? Gibt es unternehmensspezifische Vorgaben? Wie viel ist der Bauherr bereit, an Ressourcen zu investieren (Geld, Zeit)? Schätzt der Bauherr sich selbst und das Projekt richtig ein?		
Erkenntnisse für die Kommunikation aus Situationsanalyse und Risikomanagement		
Bestimmung der kommunikativen Herausforderungen, Chancen und Gefahren		
Zusammentragen von Erfahrungen aus vergleichbaren Projekten		
Gab es schon ähnliche Projekte? Worin haben sie sich unterschieden? Wie wurde vorgegangen? Was waren die wichtigsten Erkenntnisse und Lehren? Gibt es wiederkehrende Muster der Kommunikation? Was sind die Konsequenzen für das Projekt?		
Bestimmung der Kommunikationsziele		
Was soll mit den Kommunikationsmaßnahmen erreicht werden? Was sind die Ziele bezüglich verschiedener Phasen? Was ist der Beitrag der Kommunikationsziele zu den Projektzielen? Wann gelten die Kommunikationsziele inhaltlich als erfüllt?		
Formulierung der Kernbotschaft		

(Fortsetzung)

Tab. 2.1 (Fortsetzung)

Fragestellung	Resultat	Weitere Schritte
Als was wird das Projekt dargestellt? Wozu ist das Projekt gut? Wie erreicht man die Interessen der Gesellschaft? Was soll intern und extern besonders betont werden? Ist es glaubhaft? Welche Werte sollen in den Köpfen hängen bleiben (zum Projekt, zum Unternehmen, zu den Beteiligten)? Soll auf emotionaler oder rationaler Ebene kommuniziert werden? Wie ist die Tonalität des Auftritts?		
Überprüfung der Kernbotschaft		
Wird die Kernaussage verstanden? Ist die Positionierung authentisch? Sind die Ziele glaubhaft und realistisch? Passt die Kernbotschaft zu den Kernanliegen? Mit welchen Risiken ist die Kernbotschaft verbunden? Deckt die Kernbotschaft ein Projekt über alle Phasen ab? Kann sich der Bauherr mit der Kernbotschaft identifizieren? Fühlt er sich wohl? Was sind mögliche Angriffspunkte?		

Baukosten spielen natürlich auch bei Bauten von Unternehmen oder Privaten eine dominante Rolle. Der Fokus der Öffentlichkeit ist hier freilich ein anderer. Wenn ein Unternehmen die Baukosten erheblich überschreitet, ist das nur dann wirklich ein Thema, wenn deswegen das Management gehen muss oder gar das ganze Unternehmen ins Trudeln gerät.

In der Regel stehen bei Werksneubauten folgende Botschaften im Vordergrund: „Kapazitäten werden ausgebaut", womit der wirtschaftliche Erfolg und die Stärke des Bauherrn unterstrichen werden. Zugleich schwingt hier in der Regel auch noch eine weitere Botschaft mit „Unternehmen schafft neue Arbeitsplätze". Wer wollte dagegen schon argumentieren?

Eine ganz eigene Botschaftskategorie ist die architektonische Formensprache. Der BMW-Werksneubau in Sachsen fand vor allem wegen seiner Form eines gestrandeten Wales vielfache Beachtung (Buchenau 2005). Gerade „Stararchitekten" verstehen es immer wieder, die gewählte Formensprache zu fokussieren und daraus eine Geschichte rund um die Setzung städtebaulicher Akzente zu erzählen. In den USA werden manche der herausragenden Bauwerke als „Landmarks" sogar in die Sightseeing-Pläne der Touristen eingebaut. Fast jede größere europäische Stadt bietet Architekturrundgänge zu den modernen Bauten an, manche bieten das Besichtigungsprogramm sogar aus der Luft.[9]

[9]Fast jede größere Stadt bietet Rundgänge zu den gelungensten Beispielen moderner Architektur. Zu finden unter: https://www.google.at/search?q=Rundgang+moderne+Architektur&ie=utf-8&oe=utf-8&client=firefox-b&gfe_rd=cr&ei=EbSgV5-mBNaBaLCJqvgN, abgerufen am 2. August 2016.

Für internationale Marken – wie BMW, Red Bull, Google oder Apple – ist die Architektur Ausdruck ihrer Unternehmensphilosophie. Umgekehrt sollten sich Unternehmen, die gesichtslose Zweckbauten in die Landschaft setzen, darüber bewusst sein, dass sie damit auch eine nonverbale Botschaft in die Welt setzen, die keineswegs positiv zu sehen ist. Viele Auftraggeber von Großbauten – gleichgültig ob private oder öffentliche – sehen die Chance für die eigene Marke nicht wirklich.

Gleiches gilt auch für die Botschaften, die für Medieninformationen verbalisiert werden. Die Texte bewegen sich irgendwo meistens auf einer emotions- bis lieblosen Ebene. Bei der Lektüre von Medieninformationen über Neubauten vermittelt sich kein sonderlich kreatives Bild. Erschreckend ist bisweilen die emotionale Distanz, die an den Tag gelegt wird. Das mag zu einem guten Teil auch daran liegen, dass bei Bauten die Techniker den Stift führen, woraus sich auch die „Kopflastigkeit" und Datenverliebtheit erklären mag.

Die Realisierung von Bauprojekten hat eine sachliche und eine emotionale Komponente (Röttger 2008, S. 62). Natürlich sollen die Fakten dargestellt werden. „Die Standort- und Marktanalyse liefert Argumente für die gewählte Projektvariante, analysiert Kosten und Nutzen und beschreibt die bauliche Umsetzung. Sachliche Argumente alleine können jedoch keine Herzen gewinnen. Gleiches gilt für Kostenargumente. Diese können zwar ein Projekt verhindern, ihm aber in den wenigsten Fällen zum Durchbruch verhelfen" (Imbach 2009). Wichtiger Bestandteil der Projektidentität sind Emotionen.

Dazu drei willkürlich herausgegriffene Beispiele, die als Beleg dienen können, wie emotionslos und unengagiert Projekte dargestellt werden. Sie sind deshalb bewusst anonymisiert, um niemandem zu nahe zu treten. Die Zitate zeigen aber eindringlich, wie Chancen für eine positive Kommunikation leichtfertig aus der Hand gegeben werden können:

Beispiele für emotionslose Kommunikation von Projekten

Für die FIRMA wurde in ORT ein neuer Produktionsstandort als Green Field Projekt errichtet. Auf dem Grundstück mit einer Fläche von 50.000 m^2 wurden Produktions- und Lagerflächen mit einem Ausmaß von rund 12.600 m^2, Büro- und Sozialflächen von rund 1800 m^2 sowie Außenanlagen von rund 12.000 m^2 neu hergestellt. Den behördlichen Vorgaben wurde mit einer Sprinkleranlage (680 m^3) entsprochen. Das Bürogebäude wurde mit einer Klimaanlage, die Halle mit einer Lüftungsanlage ausgestattet.

BAUFIRMA feiert mit einem Richtfest den Abschluss der Rohbauarbeiten für die Wohnanlage „NAME" in STADT. In dem modernen Gebäude entstehen 22 hochwertige Wohnungen. „Hier genießt man die ruhige Lage und kann gleichzeitig die vielen Möglichkeiten eines städtischen Lebens auskosten", erklärt GESCHÄFTSFÜHRER. Die Wohnanlage ist in drei Gebäude untergliedert, die sich u-förmig angeordnet zum nahe gelegenen Naherholungsgebiet öffnen. Der Wohnungsbau hat ein Projektvolumen von rund 5,2 Mio. EUR.

> Der Bezirksstadtrat informiert: Zwischen dem im vorigen Jahr gebauten Süd-Ost-Eingang und dem Vorfeld der Tribüne soll die jetzt noch freie Fläche aufgewertet werden. Geplant sind frei zugängige bzw. vereinsunabhängige Sport- und Freizeitangebote mit Aufenthaltsqualität. Eine Multifunktionsfläche für die Nutzergruppen Frauen, Familien, Senioren, Kinder und Jugendliche. Eine Rundlaufbahn auf Holzhäckseln wird entstehen. Im Zentrum ist eine Sandfläche geplant, die für verschiedene Ballspielarten genutzt werden kann.

Diese drei PR-Botschaften sind (und das gilt nicht nur für die oben angeführten Beispiele) sehr kopflastig. Beim Bau von Sport- und Freizeiteinrichtungen wäre ein wenig Euphorie und „Herzblut" schon angebracht. Im ersten Fall wird kein bisschen Stolz auf das Erreichte vermittelt, dabei ist gerade die Kategorie „ich möchte in einem erfolgreichen Unternehmen arbeiten" für Mitarbeiter ein zentrales Argument bei einem Arbeitgeber tätig zu sein. Auch die Bürger der Kommune, in der sich das Unternehmen befindet, lesen ganz gerne, dass es in der Nachbarschaft erfolgreiche Betriebe gibt. Und nicht zuletzt ist es nicht ganz unerheblich, ob der Einkäufer eines Unternehmens oder der Konsument bei einem positiv besetzten Unternehmen einkauft oder bei einem profillosen „No-Name".

Häufig werden bei Berichten über Bauvorhaben einfache Sachverhalte zudem kompliziert dargestellt und selbst kurze Sachverhalte langatmig erklärt. Dabei wird ganz vergessen, dass die Rezipienten nur interessiert, was sie selbst davon haben. Künftige Nutzer von Bauten, Mitarbeiter, Nachbarn, Politiker, Behörden etc. sind die anzusprechende Dialoggruppe. Und diese wiederum sind auch die Leser, Hörer und Seher, die hier ignoriert werden.

Folgerichtig werden langweilige Botschaften „von den Medien einfach ignoriert und haben damit nie die Chance, zum ‚User' vorzudringen" (Immerschitt 2009, S. 95). Für die Vermittlung von Inhalten gilt, was Quintilian einst so formulierte: „Nur Feuer kann einen Brand entfachen und nur Feuchtigkeit uns durchnässen, und nichts kann auf anderes abfärben, wenn es selbst die betreffende Farbe nicht gibt" (Jäger und Willer 2000, S. 154). Gemünzt auf die Rhetorik bei der Vermittlung von Benefizien von Neubauten gilt, was der Autor über die Kommunikation von CEOs von Unternehmen geschrieben hat: „Eine leblose Sprache gebiert leblose Unternehmenspolitik, und kraftloses Reden mündet in kraftlosem Handeln" (Immerschitt 2009, S. 129).

Wie es auch anders gehen kann (Bau- und Liegenschaftsbetrieb NRW 2016; Hochtief 2016a), sollen die nachfolgenden beispielhaften Auszüge aus Medieninformationen von Bauunternehmen zeigen:

Beispiele für gelungene Kommunikation von Bauunternehmen

„Das künftige Lärmschutzbauwerk ist Teil des Ausbaus der Autobahn A7 in Hamburg und Schleswig-Holstein. Der Tunnel ist einer von drei Lärmschutztunneln, den „Hamburger Deckeln", die im Zuge des Ausbaus entstehen. Mit diesem Lärmschutzprojekt bieten wir den Hamburger Bürgern künftig mehr Lebensqualität […]" (Hochtief 2016b).

Der innovative Gebäudequader mit 20 Wohnungen hat schon während der Errichtungsphase hohe Wellen geschlagen: Erst jüngst erhielt das Projekt die Auszeichnung „best architects 17. […] Da es sich um ein prominentes und attraktives Baugrundstück handelte, wurde nicht sofort mit dem Bau losgelegt, sondern im Rahmen eines Architektengutachterverfahren zunächst die bestmögliche Bebauung eruiert. Die Anforderungen waren dabei hoch: Der neue Wohnraum sollte unter anderem Passivhausstandard erreichen und barrierefrei sein (Rhomberg 2016).

Die universitäre Kinderklinik Hamburg Eppendorf ist schon jetzt ein überregional renommiertes Kompetenzzentrum für Kindermedizin und Anlaufpunkt für Familien aus ganz Deutschland. Seltene Krankheiten werden hier auf höchstem Niveau erforscht und kleine Patientinnen und Patienten liebevoll betreut. In der neuen Klinik wird der interdisziplinäre Ansatz auch durch die zukunftsweisende bauliche Konzeption ganz neu gelebt werden können. Weil dort alle Fachbereiche der Kindermedizin Tür an Tür arbeiten (Züblin 2016).

2.12 Strategische Planung des Maßnahmenkatalogs

Wir haben nun festgelegt, welche Ziele wir verfolgen und welche Stakeholder angesprochen werden sollen, haben die Positionierung entwickelt und festgelegt, wie die Kernbotschaften lauten. Nun befinden wir uns im dritten Segment des Planungsprozesses, in dem die Frage nach dem „Was" beantwortet wird, also die strategische Planung des Maßnahmenkatalogs stattfindet.

Strategische Kommunikation bedeutet die Suche nach realistischen und pragmatischen Lösungen. „Pragmatisch ist eine PR-Konzeption dann, wenn die aufgewendeten Mittel, um ein Konzept zu realisieren, in einem wirtschaftlich sinnvollen Verhältnis zu den erwarteten Resultaten stehen" (Schmidbauer und Knödler-Bunte 2004, S. 17).

Instrumente und Maßnahmen müssen mit den vorher fixierten Parametern übereinstimmen. Es macht keinen Sinn, ein Ziel zu formulieren und eine Zielgruppe zu benennen, die dann mit keiner entsprechenden Maßnahme angesprochen wird. Genauso ist es sinnlos, Maßnahmen zu formulieren, die nicht kongruent mit dem Budget sind. Leider ist es so, dass zwischen dem Notwendigen und Sinnvollen auf der einen Seite und dem Möglichen auf der Anderen eine drastische Lücke klafft, die aus den bestehenden Normen resultiert.

In allen Ausschreibungsunterlagen, die auf vorhandenen Normen bzw. auf vorgegebenen Baukostenplänen beruhen, findet sich die Position Kommunikationsleistungen nur ganz am Rande. In der Schweiz etwa werden im Baukostenplan expressis verbis nur eine Pressekonferenz, die Aufrichte (Richtfest), die Einweihung sowie Baureklame und Inserate angeführt (Imbach 2015). Die Vorgaben der Normungsinstitutionen – was die Kommunikation betrifft – aber sind nicht nur bei den Eidgenossen, sondern im gesamten deutschsprachigen Raum extrem kontraproduktiv und sollten schleunigst überarbeitet werden.

Fakt ist, dass kommunikative Notwendigkeiten in der Kostenkalkulation anfänglich häufig weggelassen werden. Schuld daran sind natürlich nicht die Normen allein.

Die Gesamtkosten werden ohne Ansätze zur Aufrechterhaltung der Teamkultur und der Öffentlichkeitsarbeit niedriger. Weniger Gesamtbudget sorgt dafür, dass sich leichter ein Konsens finden lässt. Wenn später erkannt wird, dass es ohne vernünftige Kommunikation nicht funktioniert, finden sich immer irgendwelche „externe Schuldige", die ein Nachtragsbudget erforderlich gemacht haben. Es muss gar nicht immer der Wutbürger sein, es genügen schon einige hartnäckige Nachbarn, die in der Lage sind, die Medien richtig zu bespielen.

Es ist interessant, dass nicht einmal die Medien die Frage stellen, warum Gebietskörperschaften oder öffentlich-rechtliche Auftraggeber immer wieder den gleichen Fehler wiederholen und sich hartnäckig weigern, sich kommunikativ von vornherein vernünftig (= strategisch und professionell) aufzustellen. Diese Bemerkung gilt im Übrigen auch für private Bauauftraggeber, die müssen ein aus dem Manko entstehendes Schlamassel aber dann mit ihrem eigenen Geld wieder beseitigen.

Wenn das Budget für die Kommunikation bei Bauprojekten begrenzt ist, dann muss man sich halt entscheiden, bestimmte Ziele oder Dialoggruppen zu vernachlässigen. Entscheidungen sind auch für eine Vielzahl weiterer Alternativen zu treffen: „PR-Planungsprozesse sind permanente Selektionsprozesse, bei denen auf der Basis fachlicher Entscheidungsprämissen fortlaufend kommunikationspolitische Entscheidungen getroffen werden" (Szyska 2008, S. 65).

Es ist ohnedies so, dass man es nicht allen recht machen kann. Was bedeutet das in der Praxis? Wir legen die Instrumente entlang der Zeitachse von der Entwicklung bis zur Übergabe des Bauwerks fest, schauen, inwieweit die Dialoggruppen erreicht und die Ziele erfüllt werden können und vergewissern uns schließlich, ob der ausgearbeitete Katalog Platz findet in unserem Budget.

Das Thema Budget ist freilich ein sehr diffiziles. Das beginnt schon damit, dass es keine wirkliche Tradition der Projektkommunikation und vor allem keine normative Festschreibung von Aktivitäten in diesem Bereich insbesondere bei der Ausschreibung von Bauvorhaben gibt. Davon war schon an anderer Stelle die Rede. Entsprechend schlecht ist das Feld hier aufbereitet. Eine Befragung von Projektmanagern hat ergeben, dass nur 15 % von ihnen ausreichend Zeit zur Kommunikation haben und nur jeder Zehnte dafür Budgetmittel zur Verfügung hat (Nagel und Wild 2016, S. 11). Ehrlicherweise geben die Projektmanager auch an, dass sie gar nicht die Kompetenz für die Kommunikationsaufgaben verfügen. Es wäre hoch an der Zeit, das Thema seitens der Auftraggeber von Bauprojekten aufzugreifen und auch entsprechende Mittel für professionelle Kommunikation bereitzustellen. Für Projekte, die ja nur eine bestimmte Zeit laufen, macht es sicher keinen Sinn, sich eigenes Personal aufzubauen. Viel vernünftiger ist es, sich externe Unterstützung von Kommunikationsprofis in entsprechend spezialisierten Agenturen zu holen, die eine klare Agenda abzuarbeiten haben. Was nicht funktioniert ist, dass die Projektmanager selbst „zum gehobenen Dilettieren auf dem so wichtigen Feld der Kommunikation gezwungen werden sollen" (Nagel und Wild, S. 12).

Freitag formuliert das so: „Um das Kommunikationsbudget im Projekt zu ermitteln, ist [...] zunächst der Gesamtbedarf an Kommunikation zu klären und abzustimmen, ob diese Aufgaben aus dem Projekt oder aus der Linie heraus finanziert werden" (Freitag 2016, S. 342). Bei Industrie-, Handels- und Gewerbebauten bietet es sich an, die Bauprojektkommunikation in die Kommunikationsstrategie des Gesamtunternehmens einzubinden. Schließlich zahlt ja jedes gelungene Bauwerk auch auf die Marke des auftraggebenden Unternehmens ein.

Literatur

Bau- und Liegenschaftsbetrieb NRW. 2016. https://www.blb.nrw.de/BLB_Hauptauftritt/Presse/150513/index.php. Zugegriffen: 2. Aug. 2016.

Beirat für Raumentwicklung. 2012. Öffentlichkeitsbeteiligung bei Planungs- und Zulassungsverfahren großer Infrastrukturvorhaben. https://www.bmvi.de/SharedDocs/DE/Anlage/StadtUndLand/LaendlicherRaum/beirat-empfehlung-oeffentlichkeitsbeteiligung-grosse-infrastrukturvorhaben.pdf?__blob=publicationFile. Zugegriffen: 25. Jan. 2016.

Bohinc, Tomas. 2016. Mit zirkulären Fragen festgefahrene Gespräche erfolgreich in Gang bringen. *ProjektMagazin Spotlight,* 2016: 1–8.

Brauer, Gernot. 1993. *Econ Handbuch Öffentlichkeitsarbeit*. Düsseldorf: Econ.

Bruhn, Manfred. 1995. *Integrierte Unternehmenskommunikation. Ansatzpunkte für eine strategische und operative Umsetzung integrierter Kommunikationsarbeitm,* 2. Aufl. Stuttgart: Schäffer-Poeschel.

Buchenau, Martin-W. 2005. BMW eröffnet Werksneubau. http://www.handelsblatt.com/unternehmen/industrie/bmw-eroeffnet-werksneubau-ein-u-boot-taucht-in-leipzig-auf/2503110.html. Zugegriffen: 14. Nov. 2015.

Bund Deutscher Baumeister, Architekten und Ingenieure. 2002. Wer Bauprojekte plant, muss die Öffentlichkeit gewinnen. http://www.welt.de/print-welt/article375232/Wer-Bauprojekte-plant-muss-die-Oeffentlichkeit-gewinnen.html. Zugegriffen: 31. Jan. 2016.

Bundesministerium des Inneren. 2012. *Praxisleitfaden Projektmanagement für die öffentliche Verwaltung*. Frankfurt a. M.: Publikationsserver ibib.

Cornelsen, Claudia. 2001. *Lila Kühe leben länger. PR-Gags, die Geschichte machten*. Frankfurt: Ueberreuter.

Diekmann, Florian. 2015. Großprojekte in Deutschland. Die Top und Flop Ten. http://www.spiegel.de/wirtschaft/soziales/grossprojekte-in-deutschland-die-top-und-flop-ten-a-1033977.html. Zugegriffen: 2. Aug. 2016.

Flaskamp, Jan, und Klaus Schmidbauer. 2003. *Kommunikation als Gesamtkunstwerk. Praxisleitfaden für die Umsetzung von integrierter Kommunikation*. Berlin: Vistas.

Freitag, Matthias. 2016. *Kommunikation im Projektmanagement. Aufgabenfelder und Funktionen der Projektkommunikation*. Wiesbaden: Springer Fachmedien.

Hochtief. 2016a. http://www.hochtief.de/hochtief/201.jhtml?pager.offset=20. Zugegriffen: 3. Aug. 2016.

Hochtief. 2016b. Pressemitteilung: HOCHTIEF Infrastructure errichtet Lärmschutztunnel in Arbeitsgemeinschaft, 19.1.2016, Zugegriffen: 28. Febr. 2017.

Hofmann, Markus, und Claudia Landmann. 1995. Der integrierte Integrationsprozeß Herausforderung zwischen Markt und Unternehmen. In *Integriertes Kommunikationsmanagement. Konzeptionelle Grundlagen und praktische Erfahrungen. Ein Handbuch für Öffentlichkeitsarbeit, Marketing, Personal- und Organisationsentwicklung,* Hrsg. Rupert Ahrens, Helmut Scherer, und Ansgar Zerfaß, 101–135. Frankfurt a. M.: IMK.

http://www.uni-bielefeld.de/paedagogik/Seminare/moeller02/06watzlawick1/. Zugegriffen: 31. Juli 2016.

Huber, Urs, und Stefan Weissenböck. 2013. Projektabwicklung im Bauwesen. Zürich (Vorlesungsunterlagen).

IG Lebenzyklus Hochbau. 2014. Der Weg zum lebenszyklusorientierten Hochbau. Leitfaden für Bauherren sowie Vertreter der Bau- und Immobilienbranche. 2. überarbeitete Aufl. Wien: IG-Lebenszyklus.

Imbach, Herbert. 2009. Kommunikation als Erfolgsfaktor im Bauprozess. http://www.projectconsult.ch/2009/07/15/kommunikation-als-erfolgsfaktor-im-bauprozess/. Zugegriffen: 26. Nov. 2016.

Imbach, Herbert. 2015. Baukommunikation: Pflicht und Kür. http://www.projectconsult.ch/2015/03/24/baukommunikation-pflicht-und-kuer/. Zugegriffen: 22. Jan. 2016.

Immerschitt, Wolfgang. 2009. *Profil durch PR Strategische Unternehmenskommunikation – vom Konzept zur CEO-Positionierung*. Wiesbaden: Gabler.

Institut für Demoskopie Allensbach. 2011. *Akzeptanzprobleme großer Infrastrukturprojekte. Ergebnisse einer bundesweiten Repräsentativumfrage*. Allensbach: Eigenverlag.

Jäger, Stephan, und Stefan Willer, Hrsg. 2000. *Das Denken der Sprache und die Performanz des Literarischen um 1800*. Würzburg: Königshausen & Neumann.

Kotzlorz, Tanja. 2007. Größter privater Krankenhausneubau. http://www.welt.de/regionales/berlin/article907765/Groesster-privater-Krankenhausneubau.html. Zugegriffen: 14. Nov. 2015.

Mast, Claudia. 2006. *Unternehmenskommunikation. Ein Leitfaden,* 2. Aufl. Stuttgart: UTB.

Meerman Scott, David. 2007. *The new rules of marketing and PR. How to use news releases, blogs, podcasting, viral marketing & online media to reach buyers directly*. Hoboken: Wiley.

Meijer, May-May, und Jan Kleinniejenhuis. 2006. Issue news and corporate reputation applying the theories of agenda setting and issue ownership in the field of business communication. *Journal of Communication* 56 (2006): 543–558.

Merz, Matthias. 2010. *Interne und externe Kommunikation in großen Infrastrukturprojekten. Arbeitsinstrumente für die praktische Planung und Umsetzung*. Zürich: ETH.

Meyer, Jens-Uwe. 2007. *Kreative PR*. Konstanz: UVK.

Nagel, Katja. 2012. *Professionelle Projektkommunikation. Mit sechs Fallbeispielen aus unterschiedlichen Branchen*. Wien: Linde.

Nagel, Katja, und Holger Wild. 2016. Projektkommunikation – Defizite, Herausforderungen und Lösungsansätze. *ProjektMagazin Spotlight,* 2016: 4–12.

Rhomberg Bau GmbH. 2016. Der Würfel steht. http://www.rhombergbau.at/de/home/allgemein_informationen/media_center/news_archiv/presseaussendungen.html?tx_ttnews%5Btt_news%5D=1256&cHash=c845dfcd5540dd501c76ada958d96409, Zugegriffen: 3. Aug. 2016.

Röttger, Ulrike, und Preusse, Joachim. 2008. Issues Management. In *Krisenmanagement in der Mediengesellschaft. Potenziale und Perspektiven der Krisenkommunikation,* Hrsg. Tobias Nolting, und Ansgar Thießen, 159–184. Wiesbaden: VS Verlag für Sozialwissenschaften.

Röttger, Ulrike, Joachim Preusse, und Jana Schmitt. 2009. Anforderungen und Ansprüche von Fachjournalisten an Onlinepressebereiche. *prmagazin* 2009 (1): 59–65.

RWE AG. 2012. *Akzeptanz für Großprojekte. Eine Standortbestimmung über Chancen und Grenzen der Bürgerbeteiligung in Deutschland*. Düsseldorf: RWE.

Schmidbauer, Klaus, und Eberhard Knödler-Bunte. 2004. *Das Kommunikationskonzept. Konzepte entwickeln und präsentieren*. Potsdam: University Press UMC Potsdam.

Stumpf, Marcus, und Michael Brandstätter. 2013. Nachhaltiges Projektmanagement – Bedeutung der integrierten Kommunikation in der Innen- und Außendarstellung von Projekten. In *Nachhaltigkeit in der Wirtschaftskommunikation,* Hrsg. M. Nielsen, I. Rittenhofer, M. Grove Ditlevsen, S. Esmann Andersen, und I. Pollach, 277–292. Heidelberg: Springer VS.

Szyszka, Peter. 2008. Kommunikationskonzepte. Das AE-Modell der strategischen PR-Planung. *PR-Magazin* 1 (2008): 61–68.

Wallinger, Albin. 1994. *PR management by Matrix*. Harrislee: K.-u.-K.

Watzlawik, Paul. (o. J.). Die Axiome von Paul Watzlawik. http://www.paulwatzlawick.de/axiome.html. Zugegriffen: 4. Febr. 2017.

Zandhuis, Anton, Paul Snijderes, und Thomas Wuttke. 2014. *Eine Zusammenfassung des PMBOK Guide. Kurz und bündig*. Amersfoort: Van Haren.

Zeutschel, Ulrich, und Siegfried Stumpf. 2003. Projektgruppen. http://www.osb-i.com/sites/default/files/publikationen/downloads/zeutschel_stumpf_projektgruppen_2003.pdf. Zugegriffen: 31. Jan. 2016.

Zoidl, Franziska. 2016. Wie man mit Wutbürgern kommuniziert. *Der Standard, 16,* 9./10. April (ImmobilienStandard).

Züblin AG. 2016. Richtfest für Universitäre Kinderklinik Hamburg-Eppendorf. http://www.zueblin.de/databases/internet/_public/content.nsf/web/DE-ZUEBLIN.DE-PRESSE%20-%20NEWS-AKTUELL-Richtfest%20f%C3%BCr%20Universit%C3%A4re%20Kinderklinik%20Hamburg-Eppendorf#?men1=4&men2=undefined&sid=43&h=14. Zugegriffen: 3. Aug. 2016.

Interne Kommunikation 3

„PR begins at home“, hat einer der Väter der Öffentlichkeitsarbeit, Edward L. Bernays, schon Anfang des 20. Jahrhunderts festgestellt (Wikipedia 2016). Der Einfluss und die Interaktion der Menschen untereinander haben große Auswirkungen auf den Erfolg. Besonders groß sind diese Auswirkungen, wenn es zu zwischenmenschlichen Problemen kommt.[1]

Jedes Projekt einer bestimmten Größenordnung benötigt ein Gremium bzw. Verantwortliche zur Steuerung der internen Kommunikation. Dabei muss Rücksicht genommen werden auf die Ablauforganisation ebenso wie auf die inhaltliche Zuordnung (Nanz 2012, S. 3). Dadurch wird vermieden, dass sich entweder niemand für die Kommunikation zuständig fühlt oder dass es zu Kompetenzstreitigkeiten kommt.

In Bau-Projektteams wird die interne Kommunikation erst in jüngerer Zeit stark thematisiert. Das resultiert aus der Erkenntnis heraus, dass Schwachpunkte der internen Kommunikation, wie sie in fast jedem Unternehmen nachvollziehbar sind, sich in Projekten potenzieren, weil – anders als in Unternehmen üblich – Kommunikationsstrukturen nicht vorgegeben sind, sondern erst aufgebaut werden müssen. Das zu tun, ist jedenfalls ein wichtiger Erfolgsfaktor. Denn bei der Festlegung entsprechender Strukturen und Regeln besteht eine gute Chance, eine gedeihliche Projektkultur zu entwickeln, in der sich die Vertrauensspirale nach oben bewegt.

Die interne Projektkommunikation ist existenzieller Teil eines Projektes, der genau geplant sein will und mit dem ersten Projekttag starten muss. Zu definieren ist, wer welche Informationen wann benötigt und über welche Kanäle sie übermittelt werden. Aufbau der Informationsstruktur, des Informationsaustauschs sowie der Feedbackkultur der Projektorganisation stehen demnach am Beginn der Arbeit. Geprägt wird die interne Kommunikation durch die Organisation, beteiligte Personen und die Informationstechnik

[1] Siehe dazu Pennington 2016; Schöps 2016; Bohinc 2016.

W. Immerschitt, *Kommunikationsmanagement von Bauprojekten*,
DOI 10.1007/978-3-658-13096-1_3

(openPM 2014). „Je mehr Beteiligte ein Projekt hat und je komplexer eine Organisation aufgebaut ist, desto höher sind die Ansprüche an die Kommunikation“ (Merz 2010, S. 10).

Im Projektkommunikationsplan wird festgelegt:

- Welche Kommunikationsanforderungen haben die verschiedenen Stakeholder?
- Welche Informationen werden in welchem Detaillierungsgrad an wen über welche Kanäle übermittelt?
- In welcher Häufigkeit werden Informationen erstellt?
- Wer ist für die Kommunikation verantwortlich? (Zandhuis et al. 2014, S. 128 f.).

In der Projektkommunikation findet die interne Kommunikation auf zwei unterschiedlichen Ebenen statt, der formellen und informellen internen Kommunikation. In technischen Projekten wird der zweite Teil gerne einmal vernachlässigt, was den Bedürfnissen der Beteiligten entgegensteht:

> Je größer [...] das Projekt, je unterschiedlicher die Zusammensetzung des Projektteams und je breiter seine Wirkung auf die Arbeitsanforderungen und -abläufe im Unternehmen ist, desto mehr bedürfen die Informationen der Erklärung, auch um denjenigen verständlich zu sein, denen die Expertise für das jeweilige Thema fehlt. Denn nur verständliche Informationen können vom Empfänger auch sinnvoll weiterverarbeitet werden (Nagel und Wild 2016, S. 6).

Unabdingbar ist auch die Motivation der Beteiligten, zum Gelingen beizutragen. Auch dazu bedarf es einer überzeugenden informellen Kommunikation, wobei in der Literatur wie in den Aussagen der Experten zahlreiche Hinweise finden, dass es hier ganz gravierende Defizite gibt.

Matthias Freitag sieht die Aufgaben der internen Kommunikation in drei Feldern: Der Leistungserbringung, der Projektsteuerung und der Projektkultur. Daraus leiten sich auch die Kommunikationsthemen ab (Freitag 2016, S. 215 f.).

- Der **Projektauftrag** gibt die fachliche Umsetzung der Aufgaben vor. Auf der Kommunikationsseite stehen dabei Wissensmanagement, Dokumentation und Lernen im Vordergrund.
- Die **Projektsteuerung** besteht aus Planungs-, Steuerungs- und Kontrollaufgaben. Kommunikative Themen sind hier die Projektorganisation, Risiko-, Vertrags- und Änderungsmanagement sowie das Qualitätsmanagement.
- Die **Projektkultur** umschreibt die informellen sozialen und kommunikativen Strukturen für die Kooperation. Damit geht es um die Bereitschaft der Teammitglieder, sich in die gemeinsame Arbeit einzubringen und individuelle Interessen in den Dienst des Gesamten zu stellen.

Abb. 3.1 klassifiziert die Kommunikationssituationen in Projekten hinsichtlich ihrer Komplexität. Mit dieser Matrix können Sie sehr einfach feststellen, vor welchen Herausforderungen die Projektkommunikation bei Ihrem konkreten Bauvorhaben steht. Je mehr der Faktoren in der Spalte rechts außen zu markieren sind, desto höher ist die Wahrscheinlichkeit, dass es Verständigungsschwierigkeiten geben wird.

	vereinfachte Verständigung	erschwerte Verständigung
Aktionsfeld: Projektauftrag		
Fachlicher Hintergrund der Beteiligten	Homogen	Heterogen
Anzahl der Beteiligten	Klein	Groß
Kommunikationsthema (inhaltlicher Schwerpunkt)	Hart (technisch, organisatorisch)	Weich (sozial) oder gemischt
Art der Aufgabenstellung	Definierter Arbeitsschritt	Problemlösung
Neuartigkeit der Aufgabenstellung	Gering	Hoch
Erwartung an das Kommunikations-ergebnis	Eindimensional, klare Vorgaben	Mehrdimensional, unklar oder widersprüchlich
Anzahl der Instanzen, die das Kommunikationsergebnis bzw. benötigen	Wenige, Schnittstellen klar definiert	Viele, multiple Schnittstellen
Dokumentation der Leistungserbringung	Vorhanden und aktuell	Lückenhaft oder nicht vorhanden
Aktionsfeld: Projektsteuerung		
Kommunikationsverantwortung und -budget	Zugeordnet	Nicht zugewiesen
Planung der Kommunikation	Hat stattgefunden	Lückenhaft, fehlend oder nicht möglich (ad hoc)
Abstimmung mit Programm- oder Portfoliokommunikation	Nicht erforderlich	Erforderlich
Media richness (einfache Aufgabe)	Gering	Hoch
Media richness (komplexe Aufgabe)	Hoch	Gering
Kommunikationsfertigkeiten der Beteiligten	Vorhanden	Nicht vorhanden
Aktionsfeld: Projektkultur		
Gemeinsame Historie und Projekterfahrung der Beteiligten	Vorhanden	Nicht vorhanden
Kultureller Hintergrund der Beteiligten	Gleicher Kulturkreis	Interkulturell
Räumliche Struktur	Räumliche Nähe, selber Arbeitsplatz	Virtuelle und semivirtuelle Teams
Fluktuation, Wechsel der Beteiligten	Gering	Hoch
Interessenverteilung bei den Beteiligten	Eindeutig, geringe Differenzen	Mehrdeutig, widersprüchlich oder unklar
Gegenseitige Vertrauensbasis	Vorhanden	Unklar oder gestört
Emotionalität des Kommunikationsthemas	Niedrig	Hoch
Macht des Kommunikators (Weisungsbefugnis, Prestige, Charisma)	Hoch	Niedrig oder unklar
Kommunikationskompetenzen der Beteiligten	Hoch	Gering
Motivation der Beteiligten	Hoch	Gering
Arbeitsbelastung der Beteiligten	Durchschnittlich, schnelles Antwortverhalten	Hoch, Antworten lassen auf sich warten

Abb. 3.1 Komplexität von Kommunikationssituationen: Die Komplexität von Kommunikationssituationen im Projekt ergibt sich aus den unterschiedlichsten Faktoren, die jeweils einzeln beurteilt werden müssen. (Quelle: Freitag)

Mehrere Studien bestätigen die erfolgskritische Bedeutung der internen Kommunikation in der Projektarbeit. Sehen wir uns die üblicherweise auftretenden Probleme der internen Kommunikation einmal näher an, ehe wir uns an die Erstellung eines Lösungsansatzes machen:[2]

- **Problem 1:** Wichtige Botschaften verbreiten sich nicht vom Projektmanagement gesteuert, sondern über Gerüchte, den Flurfunk und informelle Wege. Ziele und Vorhaben werden gegenüber dem Team nicht konkretisiert, dadurch gelangen auch nach außen widersprüchliche Aussagen.
- **Problem 2:** Mündliche Kommunikation wird schriftlich erledigt. Zu denken, durch ausreichend verteiltes Papier würden die Mitarbeiter die Botschaften verstehen und akzeptieren, ist ein Irrglaube. Zentrale Vorhaben müssen von den Mitarbeitern auch innerlich akzeptiert werden, wenn die Umsetzung effizient sein soll. Außerdem ist die Wirkung des persönlichen Gesprächs groß, die schriftliche Kommunikation hingegen oft kontraproduktiv. In der Regel genügt es auch nicht, eine Botschaft einmal auszusenden. Wichtige Themen müssen immer wieder in Erinnerung gerufen werden.
- **Problem 3:** Informationen werden als „Herrschaftswissen" nicht weitergegeben. Solches Verhalten signalisiert im besten Fall Unsicherheit oder Gedankenlosigkeit, im schlechtesten Fall erzeugen sie Demotivation bis innere Kündigung.
- **Problem 4:** Informationen werden unbearbeitet und unkommentiert weitergegeben. Mit diesem Verhalten soll einerseits dem Vorwurf begegnet werden, man informiere zu wenig, andererseits sollen andere sich die Mühe machen, Wichtiges herauszusuchen. Die Bequemlichkeit des Einen wird zum Problem des Anderen.

Hand aufs Herz: Wie viele Mails haben Sie schon erhalten, die Sie ratlos ob der darin enthaltenen Gleichgültigkeit, Aggressivität oder schlicht Desinformation zurückgelassen haben? Es ist oft nicht böser Wille, wenn gestresste und zeitlich überforderte Manager Informationen unbearbeitet und unkommentiert – FYI – weitergeben ‚For your information' ist das kommunikative Waschen der Hände in Unschuld. Nachher kann der Absender wie Pontius Pilatus sagen, er habe ja auf einen bestimmten Umstand hingewiesen, die hätten das nur nicht gelesen und verarbeitet.

Wir sollten festhalten, dass die Möglichkeiten der elektronischen Medien per se weder die Lösung, noch das Problem sind, sondern der Umgang mit ihnen. „Nützen wir also die Flexibilität und Effizienz, die moderne Kommunikationsmedien ermöglichen und fügen wir das notwendige Fein und Taktgefühl dazu! Schließlich sitzen wir selbst am Schalthebel und führen Regie in der eigenen Kommunikation" (Raschke 2016, S. 102). Beim Einsatz virtueller Kommunikationskanäle innerhalb des Projekts ist zudem darauf zu achten, dass Gemeinschaftsgefühl und offene Kommunikation nicht zu kurz kommen (Jehle 2016; Rasche 2016).

[2]Die Diagnose beruht auf eigenen Erfahrungen in Anlehnung an http://www.revision-online.info/images/f/fe/InterneKommunikation.doc, abgerufen am 9. April 2016.

> Erfolg versprechende interne Kommunikation muss dialogorientiert sein. Das heißt, dass sie von unten nach oben ebenso durchlässig ist wie horizontal. Das ist gerade in komplexen Projektstrukturen wesentlich. Kommunikation kann nicht alleine schriftlich erledigt werden, vor allem dann nicht, wenn die rechte Gehirnhälfte angesprochen werden soll. Zu denken, durch ausreichend verteiltes Papier würden die Mitarbeiter die Botschaften verstehen und akzeptieren, ist ein Irrglaube.

Zentrale Vorhaben müssen von den Teammitgliedern auch innerlich akzeptiert werden, wenn die Umsetzung effizient sein soll. In der Praxis tritt Projektkommunikation in einem Spektrum zwischen Understatement bis zur reißerischen Propaganda auf. Die Gefahr dabei ist, dass die Verantwortlichen bei der Errichtung von „Potemkinschen Fassaden" (Gablinski 2016, S. 23) letztlich selbst die Realität aus den Augen verlieren.

3.1 Aufgabenstellungen der internen Kommunikation

Kommunikation spielt in fast allen Bereichen des Projektmanagements eine Rolle. Die Aufgaben von interner Kommunikation bei Bauprojekten lassen sich in drei Bereiche unterteilen (PR-Wiki 2016):

- Kontinuierliche aktuelle Information über Ziele, Strategien, Entwicklungen und Problemstellungen im Projekt (Interner Informationsaustausch). Ziel ist es, dass das Projektteam alle Informationen erhält, um produktiv arbeiten zu können, das Arbeitsumfeld kennen und externe Fragen beantworten zu können.
- Motivation durch Vermittlung von Wertschätzung. Ziel ist es, persönliches Engagement, Kreativität und Begeisterung der Beteiligten zu fördern.
- Führung durch Erklärung der Entwicklungen. Dadurch, dass Orientierung gegeben wird, wird Identifikation und Loyalität erzeugt. Wenn die Kompetenzen aller Teammitglieder mit hohem Engagement und Verbundenheit mit dem Projekt verknüpft werden, das „Können" also mit dem „Wollen" verbunden wird, kann das Optimale erreicht werden.

Die interne Projektkommunikation zieht sich als elementarer und existenzieller Teil von Beginn an durch alle Phasen eines Projektes. Dazu gehört der gesamte Informationsfluss, Informationsaustausch, sowie die Rückmeldung innerhalb einer Projektorganisation. Der Austausch innerhalb der Projektgruppe sollte bei jedem Vorhaben gut geplant und strukturiert sein (Kügerl et al. 2014, S. 4).

Eine Darstellung der durchaus komplexen Teilfunktionen der internen Kommunikation in Projektsystemen hat Matthias Freitag in seiner Dissertation erarbeitet. Definiert werden in dieser Übersicht die Rollen von Kommunikatoren und Rezipienten sowie die Verständigungs- und Koordinationsfunktion der Kommunikation (s. Abb. 3.2).

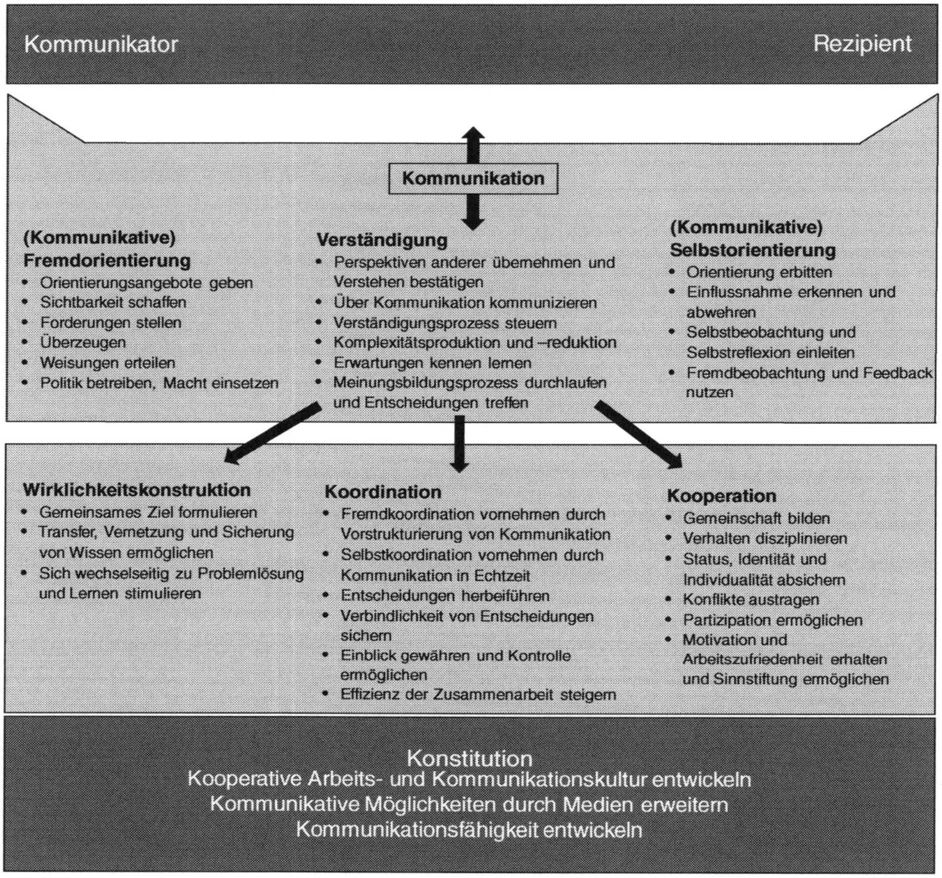

Abb. 3.2 Verständigungs- und Koordinationsfunktionen der Kommunikation. (Quelle: Freitag)

Dieses Konstrukt korrespondiert mit der in der wissenschaftlichen Literatur sehr gebräuchlichen Unterscheidung von Inhalts- und die Beziehungsebene.

> Auf der Inhaltsebene sind die Sachziele und die Vorgehensziele zu klären, d.h. die qualitativen und quantitativen Anforderungen an das Projektergebnis und die Rahmenbedingungen für den Weg dorthin (Projektorganisation, Termine und Meilensteine, Budget etc.). Auf der Beziehungsebene geht es um Qualifikation und Verhalten des Projektleiters im Prozess der Zielfindung und um das sozio-politische Umfeld, also den Umgang mit Stakeholdern, Ansprüchen, Konflikten und Mikropolitik (Freitag 2016, S. 628).

Laut Umfragen stehen folgende Aufgaben, die interne Kommunikation erfüllen muss, im Vordergrund (Freitag 2016, S. 304): Die zu bewältigenden Arbeitspakete im Zeitverlauf, die Rollen und Verantwortlichkeiten der Beteiligten, der Projektverlauf mit Fortschritten und Verzögerungen sowie deren Gründe.

Ein zu beachtender Faktor ist die Zeit. Erfahrene Praktiker wissen, wie wichtig es ist, dass die interne Kommunikation kaskadenartig vom Topmanagement über die Führungskräfte bis hin zu den Mitarbeitern funktioniert.

Was bedeutet das? Besonders bei kritischen Themen muss sichergestellt sein, dass die Informationspyramide von oben nach unten so verläuft, dass Manager mit Personalverantwortung vor ihren Mitarbeiterinnen und Mitarbeitern Bescheid wissen und allenfalls auch Gelegenheit hatten, vorher noch Fragen zu stellen. Denn was passiert sonst? Das gesamte Team erfährt einen Sachverhalt zur gleichen Zeit, Mitarbeiter fragen ihre Vorgesetzten und bekommen die Antwort: „Ich weiß genau so viel wie Sie!" Der Untertitel dazu lautet: „Das haben sich die da oben ausgeschnapst und ich verstehe das auch nicht. Aber die werden schon wissen, was sie damit anrichten." Wenn die Führungscrew vorher eine separate Information bekommen hat, passiert dieser Loyalitätsbruch in der Regel nicht.

> „Machen Sie sich bewusst, dass menschliches Verhalten nicht die direkte Reaktion auf die Realität ist – es ist eine Reaktion auf die Interpretation der Realität durch das Gehirn. Man sollte sich im Klaren darüber sein, dass jedes Verhalten und jede Aussage nicht auf objektiven, sondern auf subjektiven Einschätzungen beruht. Diese weichen allerdings oft von der Realität ab" (Landowski 2016, S. 64).

Eine zentrale Aufgabe der internen Kommunikation ist das Wissensmanagement. Sie muss nicht nur vermitteln, was die Mitarbeiter wissen sollen, sondern auch was sie wissen wollen. Effektive Kommunikation fängt mit dem Zuhören an und geht auf die Bedürfnisse der Rezipienten ein. Arthur Schopenhauer gab einmal zu bedenken: „Wer klug ist, wird im Gespräch weniger an das denken, worüber er spricht, als an den, mit dem er spricht."

Entscheidungen können nicht mehr aus dem Elfenbeinturm getroffen werden, sie müssen generell den Stakeholdern erklärt werden. Das funktioniert nur, wenn der Projektkommunikator über entsprechende Vermittlungskompetenz verfügt. „The days are long past when managers could contentedly withdraw to their ivory towers and communicate important decisions by proclamation" (Knapp und Vangelisti 1996). Es ist eine Managementaufgabe, gegenüber den Projektbeteiligten dafür zu sorgen, dass alles klar wird. Die Erklärung dafür ist einfach: Die Mitarbeiter im Projektteam haben den höchsten Grad an Ich-Bezogenheit. Wenn das Projekt leidet, leiden sie mit. Wenn der Erfolg bedroht ist, hängen ihre Jobs und davon die Existenzen ihrer Familien ab. Sie sind auch diejenigen, die im Zweifel von Außenstehenden gefragt werden, was denn auf der Baustelle los ist (Immerschitt 2015, S. 36).

3.2 Ratio und Empathie: Die Projektkultur entwickeln

Bei Bauprojekten wird immer häufiger von der Projektkultur gesprochen, „die das Kommunikations- und Kooperationsverhalten in einem Projektteam, aber auch zwischen Projekt und Umfeld prägen [...] Die Elemente der Projektkultur sind zumeist nicht explizit dokumentiert, werden aber von einer Gruppe praktiziert und eingefordert“ (Freitag 2016, S. 411). Wenn es gut läuft, demonstrieren Projektteams ihre Eigenständigkeit nach innen und außen. Ihre Kultur drückt sich sowohl in der teaminternen Kommunikation (Gruppenidentität) als auch in der Außendarstellung (Projektidentität) aus.

Die erlebte Realität ist offenbar eine andere. Kommunikation in Projekten „braucht doch keine Kultur. Die Anwälte werden sich freuen.“[3] Diese Aussage eines erfahrenen Projektmanagers deutet auf ein beträchtliches Maß an Frustration hin. Das Problem ist in der Branche zumindest bekannt und einige steuern auch aktiv dagegen an. So zum Beispiel die IG Lebenszyklus Hochbau (IG Lebenszyklus 2015).

Ausgangsthese deren Broschüre über die Gestaltung der Projektkultur ist, dass jedes Bauprojekt technischen, wirtschaftlichen und rechtlichen sowie kulturellen und sozialen Herausforderungen unterliegt. Bei Technikern komme häufig der dritte Bereich zu kurz, weil sich diese Fragen und Probleme nicht mit technischer Logik lösen lassen: „In der gängigen Praxis am Bau sind alle Beteiligten auf das technische System konzentriert, das grundlegende Paradigma dazu lautet, dass es für jede Situation EINE Ursache/EINEN Grund für das Geschehen/EINEN Schuldigen gibt. Wenn man also die ‚richtige‘ findet, kann man den Fehler beheben und das Problem lösen.“

Bei sozialen Systemen ist die Fehlerbehebung aber nicht immer so einfach wie bei einer Baumaschine, weil die Kausalität komplex ist und die zusammenwirkenden Einflüsse nicht immer erkannt werden. Im Wesentlichen geht es beim Aufbau der Projektkultur um die Verbindung der technischen Ratio mit der menschlichen Empathie. Bei einer positiven Projektkultur kann eine Aufwärtsspirale entstehen, die das wechselseitige Vertrauen stärkt. Wie das aussehen sollte, zeigt die von der IG Lebenszyklus entwickelte Grafik (s. Abb. 3.3; IG Lebenszyklus 2015).

Um erkennen zu können, in welche Richtung sich die Kultur entwickelt, braucht es eine Übereinkunft darüber, welche Regeln und Werte gelten sollen. In einem „Code of Culture“ wurden deshalb Dos und Don'ts zusammengestellt (s. Abb. 3.4).

Die IG Lebenszyklus hat dazu ein – zugegebenermaßen sehr komplexes – Bearbeitungsraster für Methoden einer kooperativen Projektstruktur erarbeitet (IG Lebenszyklus 2015, S. 8 f.). Den Autoren ist selbst bewusst, dass vermutlich nicht alle Schritte und Methoden in einem Projekt umgesetzt werden. Die – von den Autoren selbst vereinfachte – Übersicht in Abb. 3.5 erscheint sehr praktikabel.

[3] Vgl. dazu das Interview mit Hans Lechner in diesem Buch (Abschn. 6.3.4).

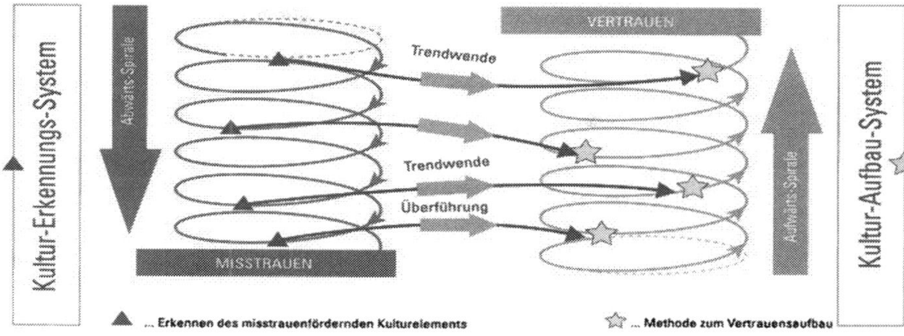

Abb. 3.3 Vertrauensspirale: Vertrauen schafft Aufwinde in der Kommunikationskultur, bei Misstrauen wirken Abwinde. (Quelle: IG Lebenszyklus)

Do's	Dont's
- Projektabwicklung auf Augenhöhe	- bewusste Fallen einbauen
- ehrliche Kommunikation	- verdeckte Interessenskonflikte ungeklärt lassen
- positive Fehlerkultur leben zu Fehlern stehen nicht auf Fehlern herumreiten Fehler ohne Gesichtsverlust besprechen aus Fehlern lernen	- jemanden zum Verlierer machen - Vorteile auf Kosten anderer ziehen
- Referenzen durch gemeinsamen Erfolg schaffen	
- lösungsorientierte Konfliktkultur	
- Mediation und andere Lösungsmethoden der außergerichtlichen Konfliktregelung	

Abb. 3.4 Dos and Don'ts: Kommunikationskultur entsteht leichter, wenn Regeln und Werte am Beginn des Projekts fixiert werden. (Quelle: IG Lebenszyklus)

Das Entstehen der Projektkultur hängt sehr eng mit den Möglichkeiten und Fähigkeiten der interpersonellen Kommunikation zusammen. Nach einer Studie von Knapp und Vangelisti (2007, S. 160) gibt es vier Erfolgsfaktoren:

- **Wissen:** Einerseits muss ein guter Kommunikator natürlich wissen, wovon er spricht, andererseits aber auch den Prozess der Kommunikation durchschauen. Er muss in der Lage sein, den Prozess zu gestalten, und zu erwartende Reaktionen der übrigen Beteiligten antizipieren und menschliches Verhalten allgemein gut einschätzen können.

Kultur-Erkennungs-Elemente	Methode-Tools	Kultur-Aufbau-Elemente
Rollen und Erwartungen klären, Herausforderungensichtbar machen, erste gemeinsame Lösungsansätze	**Startworkshops**	gemeinsame Projektkultur-Regeln und Ziele festlegen, persönliches Kennenlernen, Fundament der Zusammenarbeit schaffen
Umgang, Wertschätzung und Effizienz erkennen	**Teilnahme an Bauprojekt-besprechungen**	Wahrgenommenes dem Team widerspiegeln als neutraler Prozessbegleiter ohne technisch-wirtschaftlichem Eigeninteresse
Erkennen des Status der Projektkultur aus einer neutralen Stellung des Prozessbegleiters heraus	**Umfragen und Auswertungen**	Bedürfnisse einzelner Projektbeteiligter neutral formuliert im Team umsetzen, Motivation und Effizienz steigern
Projektentwicklungen und -erfahrungen sichtbar machen	**Follow-Up-Workshops**	positive Projektbasis festigen und weiter aufbauen, neue Projektbeteiligte in den Prozess einbauen, gemeinsame Ziele festlegen, evtl. Projektkultur-Regeln anpassen
Projekterfahrungen austauschen	**Abschlussworkshop**	die Basis für die Zukunft bauen

Abb. 3.5 Bearbeitungsraster mit Methoden, um eine kooperative Projektstruktur entstehen zu lassen. (Quelle: IG Lebenszyklus)

- **Erfahrung:** Je mehr unterschiedliche Situationen jemand bewältigt hat oder in denen er gescheitert ist, desto sicherer können Verhaltensmuster für künftige Situationen abgeleitet werden. Erfahrung gibt aber auch Mut, Neues anzupacken.
- **Motivation:** Der Wunsch, sich auszudrücken, verstanden zu werden. Das lässt den Kommunikationspartner erkennen, dass man hinter einer Sache steht.
- **Positive Haltungen:** Es ist entscheidend, wie man sich einer Situation nähert. Wer an eine Kommunikationsaufgabe mit innerem Widerwillen herangeht, wird sie auch schlecht lösen. Lösung der Kommunikationsaufgabe bedeutet aber keineswegs, Konflikten aus dem Weg zu gehen. Wo sie entstehen, müssen sie gelöst werden, indem Entscheidungen gefällt und diese dann auch durchgesetzt werden.

Vermittlungskompetenz beinhaltet auch das Eingehen auf das Sprachniveau und die Erwartungshaltungen der Rezipienten. Viele Missverständnisse würden erst gar nicht entstehen, wenn öfter einmal nachgefragt würde, wie das Gesagte angekommen ist.

3.3 Formelle und informelle interne Kommunikation

Jedes menschliche Miteinander läuft auf zwei Ebenen ab: einerseits auf der Sach- oder Inhaltsebene und andererseits auf der Gefühls- oder Beziehungsebene. Beide sind für das Gelingen wichtig, wobei die informelle Kommunikation niemals die formelle verdrängen darf (und aus rechtlichen Gründen bei Bauprojekten auch nicht kann).

Die Sachebene bezeichnet das, worüber offiziell gesprochen wird, während das „Es" offensichtlich ist, bleibt die Beziehungsebene zwischen den Teilnehmern in der Regel unter der Oberfläche (Seifert 2015, S. 23). Wir können auch von der formellen und informellen internen Kommunikation oder von Informationsmanagement und Informationsaustausch sprechen.

> Die formelle Kommunikation umfasst alle Inhalte und Kanäle, die dauerhaft eingerichtet werden und personenunabhängig organisiert sind. Sie sollen einen reibungslosen innerbetrieblichen Kommunikationsfluss aufgrund von klaren Regeln gewährleisten.
>
> Die informelle Kommunikation ist demgegenüber nicht sehr zuverlässig und berechenbar, denn der Austausch von Informationen erfolgt ohne Dienstwege und Formvorschriften beachten zu müssen.

Der Austausch von Daten kann in verschiedene Instrumente der Informationsübermittlung eingeteilt werden: Persönliche, schriftliche und elektronische Kommunikation (Herbst 2012, S. 213 ff.).Die Verwendung einzelner Instrumente besagt nichts darüber, welcher Bereich damit angesprochen wird. Persönliche Kommunikation kann ebenso formell oder informell sein wie schriftliche und elektronische.

Die persönliche Kommunikation kann auch als erklärende Kommunikation bezeichnet werden. Die mündliche Übermittlung von Informationen hat den Vorteil, dass die unmittelbare Reaktion ersichtlich ist und bei Zweifeln oder Bedenken können die Beteiligten sofort ihre Meinung äußern und diese geklärt werden. Eine weitere Möglichkeit um Daten im größeren Umfang persönlich auszutauschen, sind Meetings oder interne Veranstaltungen. Die Projektbeteiligungen bekommen alle dieselbe Botschaft am selben Ort und zur gleichen Zeit.

Die schriftliche Kommunikation bringt den Vorteil mit sich, dass Informationen gezielt und direkt an den Adressaten gerichtet werden und ein spezielles Thema hervorgehoben wird. Da die Informationen schriftlich vorliegen, können sie auch gesammelt oder nachgelesen werden. Der Nachteil dabei ist, dass die Wirkung der Information nicht erkannt werden kann und auch eine direkte Rückmeldung länger dauert. Ein häufig auftretendes Problem ist die Informationsüberflutung (Homberg 2002, S. 48 ff.). Der Segen, dass Online-Daten problemlos und ohne Zeitverluste ausgetauscht werden können, wird hier zum Fluch.

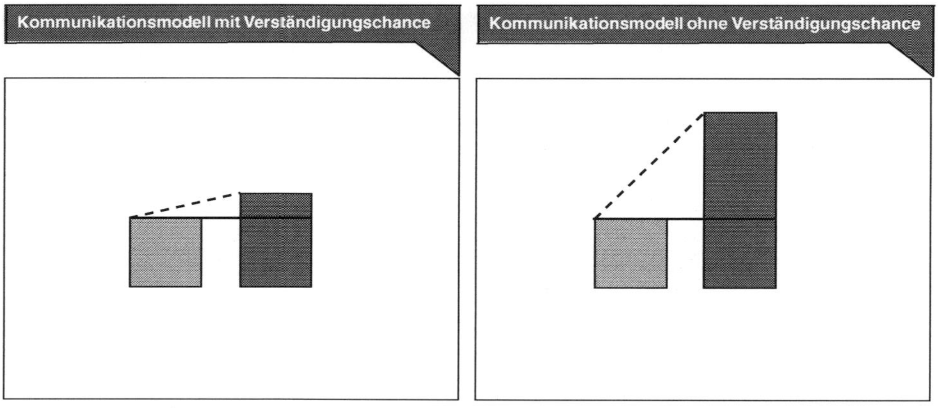

Abb. 3.6 Verständigungsebenen: Verständnis kann nur entstehen, wenn zwei soziale Einheiten eine Ebene für Kompromisse finden. (Quelle: Schmolke)

In Bauprojekten besteht die Sachebene im gemeinsamen Ziel, nämlich das Werk erfolgreich abzuschließen. Techniker bewegen sich gerne dort, wo sie sich zu Hause fühlen, bei Daten und Fakten und mithin auf der Sachebene. Folgerichtig wird Kommunikation an den technischen Universitäten bestenfalls rudimentär erwähnt.[4]

Bohinc hat recht, wenn er festhält, dass die Verwendung standardisierter Formulare noch keine Garantie dafür ist, dass die übermittelten Informationen bei den Adressaten überhaupt ankommen, und wenn sie es tun, ob sie ihnen weiterhelfen (Bohinc 2014, S. 41). Deshalb kommen Projekte trotz modernsten Kommunikationstechniken nicht ohne persönliche Begegnungen aus. „Manches lässt sich schriftlich, per Boten oder per Kabel übermitteln, vieles aber lässt sich nur im persönlichen Gespräch klären" (Seifert 2015, S. 9). Dabei sollte nicht unterschätzt werden, wie stark auch hier die Interessen etwa zwischen Bauherrn und Nutzer, Architekt und Projektmanagement, ausführenden Unternehmen und kaufmännischer Leitung differieren können. Aus der Sache heraus gibt es Konfliktlinien, die im Laufe der Zeit auch zu Antipathien auf der Beziehungsebene werden können.

▶ Wie bei einem Eisberg schlummert der gewichtigere Teil der Kommunikation unter der Oberfläche. In der Konsequenz bedeutet dies, dass auf der Sachebene nur das möglich ist, was die Beziehungsebene zulässt. Anders ausgedrückt: Wenn man miteinander „nicht kann", wird in der Sache nichts oder nicht viel vorangehen (Hockling 2012).

[4]Das macht ein Blick auf Vorlesungsverzeichnisse und in die Skripten von Lehrenden deutlich. Siehe beispielsweise Huber, Weissenböck (2013, S. 42). Ganze zwei Wörter müssen in einem 132-Seiten Skriptum zum Thema Kommunikation ausreichen.

Der frühere Ordinarius für Publizistik an der Universität Salzburg, Michael Schmolke, hat dies in seinen Vorlesungen mit einer einfachen Skizze erläutert, die deutlich macht, worauf zu achten ist, um zu einem Kompromiss zu kommen (s. Abb. 3.6): Die beiden Rechtecke symbolisieren die Einstellungen einer Person, die aus den Erlebnissen, der Sozialisation, der gesellschaftlichen Stellung und vielem mehr resultiert. Diese Rechtecke sind niemals deckungsgleich.

Es gibt also immer einen gewissen Winkel zwischen den beiden Rechtecken. Um auf einen gemeinsamen Nenner kommen zu können, darf der Winkel aber nicht zu weit aufgehen. Denn dann verhindert die Beziehungsebene jedweden Kompromiss.

Die hier wirkenden organisationspsychologischen Faktoren aufzulösen, ist Aufgabe der Kommunikatoren oder Moderatoren des Prozesses. Sie müssen als Kommunikationsbeauftragter erkennen, wenn der Winkel zu weit aufgeht. Dann gilt es Brücken zu bauen zwischen den Beteiligten und Emotionen herauszunehmen. So wird die Moderation des internen Kommunikationsprozesses zum wesentlichen Erfolgsfaktor in Bauprojekten. Sie begleitet den gesamten Prozess, „wobei der Moderator nicht nur Koordinator, sondern auch Vermittler (Mediator) und Botschafter ist“ (Roeder et al. 2015, S. 665).

3.4 Formelles Informationsmanagement

Die formelle Kommunikation umfasst alle Inhalte und Kanäle, welche für die Dauer des Projekts – also die Übergabe des Bauvorhabens an die Nutzer – eingerichtet werden und personenunabhängig organisiert sind. Für Projekte generell ist der PMBOK®Guide (Wikipedia 2015) zu einem gewissen Maßstab geworden, häufig zitiert und auch in der Praxis angewendet.

Verständnis kann nur entstehen, wenn zwei soziale Einheiten eine Ebene für Kompromisse finden.

- Kommunikation planen bedeutet, dass das Informationsbedürfnis der einzubindenden Stakeholder mit den zur Verfügung stehenden Kommunikationsmitteln befriedigt wird.
- Kommunikation managen heißt, dass die Informationen so erstellt, gesammelt, verteilt und gespeichert werden, wie es im Kommunikationsplan beschrieben ist.
- Kommunikation überwachen beinhaltet die Kontrolle und Überprüfung, ob alle am Projekt beteiligten die für sie relevanten Informationen erhalten.

Der so dargestellte Prozess mündet dann noch in eine Kommunikationsmatrix, in der für jeden Stakeholder (einfacher formuliert: jedes Mitglied der Projektgruppe) aufgelistet ist, welche Information er bekommt, aus welchem Grund (Projektfortschritt, Motivation, Arbeitsinhalt…), wie häufig, über welches Medium und durch wen.

▶ Das Ziel der formellen internen Kommunikation ist ein reibungsloser Austausch sowie die Weitergabe von Wissen und Informationen. Das wiederum führt zu schnelleren Entscheidungsfindungen und zu mehr Verständnis bei den Projektbeteiligten. Arbeitsabläufe können effizienter gestaltet und ein klares Rollenverhältnis aufgebaut werden.

Wir bewegen uns im Rahmen des PMBOK®Guide fast ausschließlich auf der Sachebene. Hier werden in erster Linie Arbeitsaufträge, Vereinbarungen, Gesprächsergebnisse und Sitzungsprotokolle zur Verfügung gestellt. Ein übersichtliches, der Realität entsprechendes Berichtswesen ist ein wichtiges Hilfsmittel der Projektsteuerung. Es dokumentiert Vergangenes, informiert über Aktuelles und organisiert und koordiniert Zukünftiges. Sollwerte werden vorgegeben und dokumentiert, das Erreichen der Ziele kontrolliert und protokolliert. Über Abweichungen wird informiert und Steuerungsmaßnahmen definiert (Schmitzer 2015, S. 78). Mindestvoraussetzungen für die Datenaufbereitung sind:

- Schaffung einer Struktur zur Verdichtbarkeit der Daten
- Dokumentenmanagementfähigkeit
- Verständlichkeit und Nachvollziehbarkeit
- Beweiskraft
- Praktikable und unbürokratische Verwendbarkeit
- Mindestanforderungen an den Inhalt nach gesetzlichen und rechtlichen Anforderungen
- Beachtung der Vorgaben des Bauherrn

Um die Datenflut bewerkstelligen zu können, ist die Verwendung von IT-basierten Dokumentationssystemen sinnvoll und notwendig.[5] Wie eine Matrix für die interne Kommunikation aussehen kann, zeigt die einfache Tabelle in Abb. 3.7, die für ein IT-Projekt erstellt wurde. Aufgeführt werden darin die Art des Informationsaustausches, das Ziel, das Medium, die Frequenz, die Teilnehmer, der Verantwortliche und die Art der Dokumentation.

Ein Megathema bei Bauvorhaben ist die Digitalisierung der gesamten Planung unter dem Begriff „BIM" (Building Information Moduling). Geplant wird ausschließlich digital und zwar nicht nur dreidimensional, sondern fünfdimensional. Es kommt nämlich zu den räumlichen Dimensionen auch noch die Zeit und die Kostenkalkulation dazu. André Exner (2016, S. 3) schildert das System so:

> Tatsächlich wirkt 5D-BIM wie ein Computerspiel – Sim City oder Lego-Technik für Erwachsene sozusagen. Jeder kann sich in den virtuellen Modellen frei bewegen; und wenn man auf den Lichtschalter klickt, sieht man sofort, von welchem Zulieferer er kommt, was er kostet, und zu welchem Zeitpunkt in der Bauphase er montiert wird. Die Ebenen lassen sich auch wegklicken, um zum Kern zu kommen – etwa vom Lüftungsschacht durch die Isolierung zum Rohr selbst.

[5] Projekt-Software gibt es von einer ganzen Reihe von Anbietern.

Kommunikationstype	Objekte der Kommunikation	Medium	Frequenz	Empfänger	Ausführender	Leistungen
Kickoff Meeting	Vorstellung des Projekts und des -teams	Face to Face	einmal	Sponsoren Projektteam Stakeholder	Projektmanager	Agenda Sitzungs -protokolle
Meeting Projektteam	Statusreport	Face to Face Telefonkonferenz	wöchentlich	Projektteam	Projektmanager	Agenda Sitzungs -protokolle
Meeting Software Design	Diskussion und Entwicklung von Software Design für das Projekt	Face to Face	wenn nötig	Projekttechnik	Projekttechnik-leiter	Sitzungs-protokolle
Statusreport	Statusreport für Projektmanagem ent	Face to Face Telefonkonferenz	monatlich	Projektbüro	Projektmanager	Statusreport
Statusreport	Statusreport inkl. Fortschritte, Erfolge, Kosten und Problemen	E-Mail	monatlich	Sponsor Projektteam Stakeholders Projektbüro	Projektmanager	Statusreport

Abb. 3.7 Kommunikationsmatrix: Matrix der internen Kommunikation. (Quelle: http://webcache.googleusercontent.com/search?q=cache:FNH8YnEf2BYJ:images.brighthub.com/media/5E0D01_sample-communications-management-matrix.docx+&cd=1&hl=de&ct=clnk&gl=at, abgerufen 11.02.2016)

Der ganze Prozess wird klarer strukturiert. Zwar werde dadurch die Planung etwas teurer, in der Ausführung dagegen günstiger, weil nicht sauber gelöste Schnittstellen frühzeitig – noch ehe Arbeit investiert wird – erkannt werden können, schildert Jürgen Laukemper im Gespräch mit dem Autor (Abschn. 6.3.1). Das Gutachten (Zukunft Bau, Forschungsprogramm 2014) über die BIM-Umsetzung, das vom deutschen Bundesministerium für Verkehr, Bau und Stadtentwicklung in Auftrag gegeben wurde, kommt zum Schluss, dass BIM ganz wesentlich auf der Kooperation aller Beteiligten aufsetzt; das Planungswerkzeug verstärkt mithin die Notwendigkeit, eine Projektkultur zu entwickeln zusätzlich, zumal im gesamten DACH-Raum aufgrund „der relativ kleinen Büros … regelmäßig in der Planungsphase unternehmensübergreifend zusammengearbeitet wird, mit immer anderen Beteiligten je Projekt." Eine unternehmensübergreifende Kommunikation sei deshalb zwingend notwendig. Es gelte deshalb, „die Vernetzung der Akteure zu fördern" (Zukunft Bau, Forschungsprogramm 2014). BIM wird also die Notwendigkeit der vernetzten Kommunikation nach innen und außen weiter erhöhen.

3.5 Informeller Informationsaustausch

Was die Kommunikation innerhalb des Projekts betrifft, geht es darum Vertrauen zwischen der entscheidungsbefugten Vertretung des Auftraggebers („Bauherr/frau") dem Projektmanagement, dem Planungsteam, den ausführenden Unternehmen und dem Auftraggeber herzustellen und alle Beteiligten zu motivieren, ihren Beitrag zum Gelingen zu leisten.

In der informellen internen Kommunikation wird deshalb sinnvollerweise vor allem auf dialogische Instrumente gesetzt. „Die meisten Menschen reden entschieden verständlicher als sie schreiben – und es gibt die Möglichkeit unmittelbarer Nachfragen" (Nagel und Wild 2016, S. 7). Haben Sie keine Sorge, dass Sie zu viel kommunizieren könnten. Die Erfahrungen mit Befragungen von Mitarbeitern durch das von Plenos entwickelte Tool Jobklima[6] zeigt, dass sich die Belegschaft immer schlecht informiert fühlt, auf einer Skala von 0 bis 100 liegt dieser Wert in der Regel kaum über 50 und gehört damit so gut wie immer zu den schlechtesten im ganzen Spektrum der Indikatoren für das Betriebsklima.

Interne Kommunikation lebt auch von informellen Netzwerken und kann nie nur auf den funktionsbezogenen Kommunikatoren beruhen. Je größer ein Projekt ist, desto bedeutender sind „Kontakte außerhalb formaler Beziehungen" (Schick 2014, S. 72), die auf interessante Themen und Entwicklungen im Umfeld hinweisen.

Durch intensiven Dialog und eine aktive Einbindungsstrategie von Mitarbeitern im Projekt lassen sich Sollbruchstellen der internen Kommunikation erkennen und in der Folge vermeiden oder im Notfall auch reparieren. Menschliche Kommunikation funktioniert nie alleine über monologische Maßnahmen – im Gegenteil: Interpersonelle Kommunikation braucht den Dialog (Wald 2012). Der freilich auch seine Tücken in der Vermittlung von Inhalten hat, die sich an folgender Kausalität ablesen lässt, die Konrad Lorenz zugeschrieben wird (Freitag 2016, S. 178):[7]

Was Sie meinen, ist nicht gleichzusetzen mit dem was Sie sagen (darin liegt zum Beispiel das Geheimnis vieler glücklicher Ehen begründet). Was Sie sagen, muss Ihr Vis-à-vis nicht hören und wenn er oder sie es hört, muss es noch lange nicht verstanden worden sind (aus diesem Satz resultieren für viele Schüler völlig ‚unerklärliche' schlechte Leistungsbeurteilungen). Letztlich heißt verstanden haben nicht, dass der kluge Kopf mit dem Inhalt auch einverstanden ist und schon gar nicht ist darin schon impliziert, dass nach dem Verständnis auch gehandelt wird. Daraus wiederum schöpfen Legionen von Controllern ihr Lebenseinkommen.

Beim Militär dürfen die Rekruten in der Regel „Weitergabe von Befehlen" spielen. Was am Ende der Verständigungskette herauskommt, ist im Übungsfall stets Quell der allgemeinen Erheiterung, im Kriegsfall wäre es vermutlich das Ende der ganzen Kompanie. Die unvergleichlichen Monty Pythons haben sich an das Thema satirisch herangemacht. Nachzusehen bei den Rittern der Kokosnuss.[8] Leider ist es in der Projektpraxis nicht annäherungsweise so komisch, wenn sich die Missverständnisse häufen.

---

[6]www.jobklima.de.

[7]Konrad Lorenz, zitiert in Freitag 2016, S. 178: „Gedacht heißt nicht immer gesagt, gesagt heißt nicht immer richtig gehört, gehört heißt nicht immer richtig verstanden, verstanden heißt nicht immer einverstanden, einverstanden heißt nicht immer angewendet, angewendet heißt noch lange nicht beibehalten".

[8]https://www.youtube.com/watch?v=NISBlRtmUqU, das Verhängnis an Missverständnissen nimmt in dieser Szene etwa ab Minute 1:40 seinen Lauf. Empfehlung des Autors: Schauen Sie sich die Sequenz auch in Englisch an, die ist noch komischer, weil der Wortwitz der Monty Pythons hier einfach zum niederknien komisch rüberkommt. Abgerufen 28.11.2016.

In der Projektkommunikation kommt dazu, dass sich Techniker in der informellen Kommunikation besonders schwertun: Die „individuellen Kommunikationsstrategien unterscheiden sich erheblich, je nachdem, ob ein Projektleiter Vertreter einer ‚harten‘ informationszentrierten Ingenieurssicht oder Anhänger der ‚weichen‘, beziehungsorientierten Organisationspsychologie ist“ (Freitag 2016, S. 179). Matthias Freitag weist zu Recht darauf hin, dass es nicht genügt, sich als Kommunikator auf die Suche nach den richtigen Hebeln zu begeben, um ‚besser zu kommunizieren‘. Den Kommunikationserfolg macht es wahrscheinlicher, wenn sich der Absender auch auf den Rezipienten einlässt, Feedback einfordert, kurzum: den Dialog sucht.

Wenn Sie sich nicht sicher sind, wer welche Position in der Gruppe einnimmt, berufen Sie eine Sitzung ein, für die Sie sich vorher die Erlaubnis geben lassen, dass Sie aus Dokumentationsgründen mitfilmen dürfen. Diesen Film schauen Sie sich danach im schnellen Vorlauf an – ganz ohne Ton. Körperhaltungen, Zu- bzw. Abwendungen, zustimmende oder ablehnende Gestik werden hier ganz deutlich. Mit ein wenig organisationspsychologischem Einfühlungsvermögen und einem Blick für dekuvrierende Körpersprache werden Sie erkennen, ob sich jemand in dieser „beobachteten Situation“ besonders zurücknimmt oder exponiert auftritt. Wer nichts sagt, will nichts Falsches sagen. Die betreffende Person ist mit großer Wahrscheinlichkeit also nicht auf Linie.

Josef W. Seifert stellt ein Strukturmodell mit sechs Phasen vor, wie der Diskurs Schritt für Schritt entwickelt werden kann (Seifert 2015, S. 20 ff.):

- Der Einstieg schafft eine positive und konstruktive Arbeitsatmosphäre, gibt Orientierung zur Sache und zum Ablauf.
- Danach werden die Themen gesammelt, die behandelt werden sollen. Sinnvollerweise gibt es bereits eine Tagesordnung, die die Agenda strukturiert.
- Gibt es eine Vielzahl an Agenden, kann es Sinn machen, Prioritäten zu setzen.
- Für die Bearbeitung der Themen stehen eine Reihe von Methoden zur Verfügung.
- Die erarbeiteten Maßnahmen werden in einem Aktionsplan dokumentiert.
- Der Abschluss soll das Besprochene reflektieren und möglichst positiv gestaltet werden.

Wie die einzelnen Phasen vom Kommunikationsverantwortlichen oder Moderator zu gestalten sind, welche Methoden angewendet und welche Hilfsmittel zur Präsentation verwendet werden sollen, ist bei Seifert rasch nachzulesen. Wenn ein Moderator eingesetzt wird, muss dieser die Kunst beherrschen, sich als Teilnehmer in der Sache zu engagieren, sich aber zugleich inhaltlich neutral zu verhalten. Das gelingt am ehesten mit Gruppenarbeitsmethoden und einer fragenden Haltung. Mit dieser Methode lässt sich jeder Angriff wie eine Bitte behandeln und ihm damit die Spitze nehmen.

3.6 Instrumente der internen Kommunikation

Die Instrumente der internen Kommunikation lassen sich in direkte und indirekte unterteilen. Direkt bedeutet, dass Sender und Empfänger einer Botschaft in unmittelbarem Kontakt zueinander stehen. Das kann ein Informationsgespräch, ein Meeting, eine Veranstaltung für Mitarbeiter, eine Telefon- oder Videokonferenz, eine gemeinsame Baustellenbegehung oder auch eine Mail oder eine Nachricht auf einer der Social Media Plattformen sein. Das Besondere ist, dass sich der Rezipient mit dem Übermittler der Nachricht rückschließen kann. Indirekte Kommunikation erfolgt beispielsweise durch Aushänge am Whiteboard, Mitarbeiterzeitschriften, einen Projektnewsletter oder das Intranet (sofern es hier keine Feedbackmöglichkeit gibt). Direkte Kommunikationsmittel werden auch als synchrone bezeichnet, indirekte als asynchrone.

3.7 Synchrone Kommunikationsmittel

Synchrone Kommunikationsmittel haben den Vorteil, dass Probleme offen angesprochen und die verschiedenen Lösungsvarianten diskutiert werden können. Der wichtigste Vorteil ist sicher, dass Reaktionen der Gesprächspartner gesehen, gefühlt und erkannt werden können. Ein wesentlicher Nachteil ist die Zeitkomponente, zumal dann, wenn mit Meetings ein Anreiseaufwand verbunden ist.

Jeder Teilnehmer von Meetings hat schon leidvoll erfahren, wie es ist, wenn zu einer Sitzung einberufen, stundenlang palavert und am Schluss der physisch und psychisch ermattenden Runde festlegt wird, wann sie sich zum nächsten Meeting zusammenrotten. Vielleicht wird sogar ein Protokoll gefertigt mit Aufgaben, die einzelne Teilnehmer bis dahin zu erledigen haben. Beim nächsten Treffen stellen dann alle Beteiligten fest, dass leider wegen „Arbeitsüberlastung" nichts davon umgesetzt werden konnte. In solchen Fällen kommen dem Autor dann immer die grauen Männer aus Michael Endes Buch „Momo" in den Sinn. Sie rauchen in ihren Zigarren unsere wertvolle Zeit, die sie uns gestohlen haben. Bei Bauprojekten ist es sicher nicht ganz so dramatisch, da die normative Kraft des Faktischen – der Baufortschritt – verhindert, dass Themen auf die lange Bank geschoben werden. Aber Leerläufe gibt es auch hier.

Ein Meeting ohne Agenda darf es nicht geben (tut es in der Praxis aber leider häufig). Zu sagen, was mit dem Meeting erreicht werden soll, ist eine weitere conditio sine qua non. Die Ziele müssen realistisch, also in einem gegebenen Zeitraum umsetzbar, messbar und so formuliert sein, dass es motivierend wirkt.

Das Ergebnisprotokoll soll übersichtlich und keinesfalls überladen sein. Die Maßnahmen oder Themen sollten nummeriert werden. Festgehalten wird, was zu machen ist und wofür, wer es tun soll, bis wann und wie die Erledigung überprüft wird („Check").

In Bauprojekten gibt es verschiedene Formen der Meetings (Franta 2015):

- Das Kick-off-Meeting: Hier werden die Projektorganisation und die Kommunikationsstrukturen geklärt
- Die Lenkungsausschuss-Meetings: Sie dienen dem strategischen Projektcontrolling, Entscheidungen werden getroffen, die das Projektmanagement nicht alleine treffen kann
- Status-Meetings: Dienen dem operativen Controlling. Fortschritte der einzelnen definierten Arbeitspakete werden berichtet, Probleme in der Umsetzung aufgezeigt.
- Arbeits-Meetings: Finden auf der Umsetzungsebene statt und dienen der Abstimmung der Detailarbeiten.

Eine Alternative zu Meetings ist besonders bei dislozierten Teilnehmern eine Videokonferenz. Videokonferenzen können auch durch Desktop-Sharing unterlegt werden. Das heißt, dass Präsentationen und Daten auf eine Split Screen für alle sichtbar werden. So können Inhalte direkt präsentiert und diskutiert werden. Das ist zwar gruppendynamisch nicht mit einer Präsenzveranstaltung vergleichbar, weil die interpersonelle Komponente fehlt, ist aber jedenfalls besser als eine Telefonkonferenz, da Mimik und Gestik und damit das nonverbale Verhalten zumindest in Ansätzen vorhanden ist.

Bei Telefonkonferenzen sind Reaktionen wesentlich schwerer auszumachen, es sei denn, einer der Teilnehmer bekommt einen Schreikrampf. Telefonkonferenzen haben auch den Nachteil, dass bei mehreren Teilnehmern Wortmeldungen schwierig sind, weil damit immer eine Intervention verbunden ist, die einen anderen Gesprächsteilnehmer oder den Moderator unterbricht. Das erfordert, dass die Meinungsabfragen sehr strukturiert stattfinden müssen, weil sonst sehr schnell ein Tohuwabohu entsteht. Längere Telefonkonferenzen zeichnen sich erfahrungsgemäß auch durch einen rasanten Abfall der Aufmerksamkeit aus. Je länger es dauert, desto stärker driften die Gedanken ab.

Zu den synchronen Kommunikationsmitteln zählen auch Veranstaltungen, die eigens für die Teammitglieder im Projekt veranstaltet werden, oder an denen sie zumindest teilnehmen können. Beispiele dazu im Abschn. 3.8. Der Zweck dieser Übung ist es, die Teammitglieder in einer informellen Umgebung zusammenzubringen, sich auf einer semiprivaten Ebene kennen zu lernen und auszutauschen.

Bei großen Bauprojekten, die über mehrere Jahre laufen, bieten sich eine gemeinsame Weihnachtsfeier oder ein eintägiger Ausflug an, sofern sich das mit dem engen terminlichen Korsett vereinbaren lässt. Oft sind auch einfache Maßnahmen zielführend, um die Identifikation mit dem Team zu erhöhen. Der Projektmanager Arnold Schmitzer (vgl. Abschn. 6.3.5) schwört etwa auf ein gemeinsames Frühstück vor dem offiziellen Meeting. Beim Morgenkaffee lasse sich manches abseits des Protokolls bereden und klären, was im formellen Meetingumfeld nicht so funktioniert. Ein gemeinsamer Grillabend, ein kleiner sportlicher Wettstreit beim Bowling, Fußball oder eine für alle neue Trendsportart helfen dabei manche Kommunikationsbarriere aufzulösen.

3.8 Asynchrone Kommunikationsmittel

Die wesentlichen asynchronen Kommunikationsmittel wurden bereits im Abschnitt über das der Dokumentation dienende Informationsmanagement vorgestellt. Mails, Briefe, Blogs, Wikis und natürlich eigene Dokumentationssoftware für Projektplattformen sind gebräuchlich und bedürfen im Grunde keiner weiteren Erläuterungen. Auch Intranet-Lösungen sind denkbar, wenngleich nur bei wirklich langfristigen Projekten sinnvoll. Als Alternative kommt eine interne Facebook- oder WhatsApp-Gruppe infrage, in der sich ein definierter Kreis von Projektmitgliedern auf einer weniger formellen Ebene über Wissenswertes rund um das Projekt austauschen können.

Andere in der unternehmerischen Mitarbeiterkommunikation übliche Maßnahmen wie Mitarbeiterzeitschrift,[9] Newsletter, Black- oder Whiteboard sind in Bauprojekten nur in wenigen Fällen wirklich sinnvoll oder machen deshalb keinen Sinn, weil es keine Orte gibt, an denen die Mitarbeiter am Projekt regelmäßig vorbeikommen. Zumeist ist für aufwendige interne Kommunikationsmaßnahmen auch kein Budget vorhanden. Allerdings sollten in jedem Fall Möglichkeiten vorhanden sein, die sicherstellen, dass alle Mitarbeiter im Projekt über aktuelle Entwicklungen auf dem Laufenden sind.

Wenn beispielsweise Medienaktivitäten gesetzt werden und entsprechende Berichterstattung erfolgt, Auftraggeber- oder Nutzerveranstaltungen stattfinden oder Meilensteine erreicht werden, darf das am Team nicht vorbeilaufen. Die Informationseinbindung sollte möglichst zeitnah erfolgen, denn so wird Identifikation geschaffen. Mindeststandard sollte sein, dass die leitenden Mitarbeiter im Projekt ihre Teammitglieder mündlich über wesentliche Entwicklungen auf dem Laufenden halten und auch für Nachfragen zur Verfügung stehen.

Bei größeren Projekten kann es durchaus Sinn machen, eine Onlineplattform zu nutzen, mit der nicht nur die Kommunikation, sondern auch organisatorische Belange gesteuert werden können. Eine solche Plattform ist etwa CORE[10]. Dieses Tool zur Steuerung des Beziehungsmanagements zwischen Unternehmensleitung und Mitarbeitern ist auch bei dislozierten Unternehmenszusammenschlüssen auf Branchen- oder Regionsebene erprobt.

[9]Sollten Sie auf die Vorzüge einer gedruckten Mitarbeiterzeitung (Qualitätsanspruch, Erklärung von Zusammenhängen, Einbindung von Familienangehörigen, Gestaltungsmöglichkeiten etc.) für Ihre Projektkommunikation nicht verzichten wollen, finden Sie viele praktische Tipps bei Schick 2014, S. 151 ff.

[10]www.core-smartwork.com/.

Literatur

Bohinc, Thomas. 2014. *Kommunikation im Projekt. Schnell, effektiv und ergebnisorientiert informieren.* Offenbach: Gabal.

Bohinc, Tomas. 2016. Mit zirkulären Fragen festgefahrene Gespräche erfolgreich in Gang bringen. *ProjektMagazin Spotlight,* 2016: 1–8.

Exnter, André. 2016. Sim City hält auf der Baustelle Einzug. *Wirtschaftsblatt,* 29. August, 3.

Franta, Bianca. 2015. Der Projektkommunikationsplan. http://www.domendos.com/fachlektuere/fachartikel/artikel/kommunikationsplan-fuer-projekte/. Zugegriffen: 31. Jan. 2016.

Freitag, Matthias. 2016. *Kommunikation im Projektmanagement. Aufgabenfelder und Funktionen der Projektkommunikation.* Wiesbaden: Springer Fachmedien.

Gablinski, Thomas N. 2016. „Potemkinsche Fassaden" für Projekte. *ProjektMagazin Spotlight,* 2016: 1–13.

Herbst, Dieter. 2012. *Unternehmenskommunikation. Professionelles Management. Kommunikation mit wichtigen Bezugsgruppen. Instrumente und spezielle Anwendungsfelder.* Berlin: Cornelsen.

Hockling, Sabine. 2012. Führungskräfte beeinflussen die Unternehmenskultur, 27.04.2012, *Zeit online.* http://www.zeit.de/karriere/beruf/2012-04/chefsache-unternehmenswerte. Zugegriffen: 28. Febr. 2017.

Homberg, Michael. 2002. *Profitable Projektkommunikation. Wie das Projekt-Team immer optimal kommuniziert und so viel Zeit und Geld spart.* Weidenberg: Homberg.

Huber, Urs, und Stefan Weissenböck. 2013. *Projektabwicklung im Bauwesen.* Zürich: Institut für Bau-und Infrastrukturmanagement (Vorlesungsunterlagen).

IG Lebenszyklus Hochbau. 2015. *Projektkultur aktiv gestalten: Erfolgsfaktoren bei Bauprojekten – von der Strategie bis zur Umsetzung.* Wien: IG Lebenszyklus.

Immerschitt, Wolfgang. 2015. *Aktive Krisenkommunikation. Erste Hilfe für Management und Krisenstab.* Wiesbaden: Gabler.

Jehle, Line. 2016. Gemeinschaftsgefühl und offene Kommunikation. Wie Sie eine lebendige Gesprächskultur im virtuellen Projektteam etablieren. *ProjektMagazin Spotlight,* 2016: 1–11.

Knapp, Mark L., und Anita L. Vangelisti. 1996. *Interpersonal communication and human relationships,* 3. Aufl. Boston: Allyn & Bacon (zitiert nach Karin Stockinger: Einführung in die Interpersonelle Kommunikation. Skriptum zur Vorlesung. Salzburg 2007).

Kügerl Marc et al. 2014. Projektkommunikation. https://www.openpm.info/display/openPM/Projektkommunikation. Zugegriffen: 25. Jan. 2016.

Landowski, Sascha. 2016. Schweigen ist Gold? Nein, Schweigen kostet Geld! Die Interpretation des Nicht-Gesagten. *ProjektMagazin Spotlight,* 2016: 1–10.

Merz, Matthias. 2010. *Interne und externe Kommunikation in großen Infrastrukturprojekten. Arbeitsinstrumente für die praktische Planung und Umsetzung.* Zürich: ETH.

Nagel, Katja, und Holger Wild. 2016. Projektkommunikation – Defizite, Herausforderungen und Lösungsansätze. *ProjektMagazin Spotlight,* 2016: 4–12.

Nanz, Gerd. 2012. *Projektkommunikation und PMO in Großprojekten.* Wien: Covalgo Consulting.

OpenPM. 2014. Projektkommunikation. https://www.openpm.info/display/openPM/Projektkommunikation#_ftn4. Zugegruffen: 25. Nov. 2015.

Pennington, George. 2016. Die Kunst der Gesprächsführung. *ProjektMagazin Spotlight,* 2016: 1–6.

Project Management DOCS: Free Project Management Templates. http://webcache.googleusercontent.com/search?q=cache:FNH8YnEf2BYJ:images.brighthub.com/media/5E0D01_sample-communications-management-matrix.docx+&cd=1&hl=de&ct=clnk&gl=at. Zugegriffen: 11. Febr. 2016.

PR-Wiki. 2016. Interne Kommunikation. http://www.pr-wiki.de/index.php/Main/InterneKommunikation. Zugegriffen: 3. Jan. 2016.

Raschke, Renate. 2016. Moderne Medien richtig einsetzen. Kontaktlose Kommunikation darf nicht taktlos sein. *Projekt Magazin Spotlight,* 2016: 1–6.

Roeder, Stefanie., Oliver Märker, Susanne Michaelis, Annika Popenborg, Stefan René Salz, und Nils Zierath. 2015. Moderation internetbasierter Planungs- und Beteiligungsprozesse. http://www.corp.at/archive/CORP2004_ROEDER_MAERKER_MICHAELIS_POPENBORG_SALZ_ZIERATH.pdf 2004. Zugegriffen: 22. Nov. 2015.

Schick, Siegfried. 2014. *Interne Unternehmenskommunikation. Strategien entwickeln, Strukturen schaffen, Prozesse steuern*, 5. Aufl. Stuttgart: Schäffer-Poeschel.

Schmitzer, Arnold. 2015. *Projektmanagement.* Kuchl: Skriptum Fachhochschule.

Schöps, Marita. 2016. Wie Sie wichtige Gespräche im Projekt erfolgreich meistern. *ProjektMagazin Spotlight,* 2016.

Seifert, Josef W. 2015. *Besprechungen erfolgreich moderieren. Kommunikationstechniken für Leiter und Teilnehmer*, 15. Aufl. Offenbach: Gabal.

Wald, Roman. 2012. Miteinander Beziehungen führen. Interpersonelle Kommunikation als unterschätzter Schlüsselfaktor der Public Relations. Salzburg (Magisterarbeit).

Wikipedia. 2015. https://de.wikipedia.org/wiki/A_Guide_to_the_Project_Management_Body_of_Knowledge. Zugegriffen: 19. Nov. 2015.

Wikipedia. 2016. https://de.wikipedia.org/wiki/Edward_Bernays. Zugegriffen: 8. Aug. 2016.

Zandhuis, Anton, Paul Snijderes, und Thomas Wuttke. 2014. *Eine Zusammenfassung des PMBOK Guide. Kurz und bündig*. Amersfoort: Van Haren.

Zukunft Bau, Forschungsprogramm. 2014. Maßnahmenkatalog zur Nutzung von BIM in der öffentlichen Bauverwaltung unter Berücksichtigung der rechtlichen und ordnungspolitischen Rahmenbedingungen. https://www.bmvi.de/SharedDocs/DE/Anlage/Digitales/bim-maßnahmenkatalog.pdf?__blob=publicationFile. Zugegriffen: 6. Sept. 2016.

4 Externe Kommunikation

Die externe Kommunikation über Bauvorhaben erfolgt in der Regel über den Bauherrn selbst. Wenn – wie in unserem Modell (Abschn. 2.4) postuliert – im eigentlichen Projektteam eine Stelle eingerichtet ist, die sich mit dem Thema externe Kommunikation widmet, ist es deren Aufgabe, die Projektkommunikation mit den Zielen der Kommunikation des Auftraggebers vereinbar zu machen, gesicherte Informationen zu liefern und so die Außendarstellung des Projekts in eine Komfortzone zu bringen. Die enge Verzahnung zwischen interner und externer Kommunikation ist unabdingbar, da sonst leicht ein Glaubwürdigkeits-Gap entstehen kann. Wenn es gelingt, die verschiedenen Facetten der Projektkommunikation zu verschränken, wenn eine enge, auf Vertrauen aufgebaute Zusammenarbeit mit dem Auftraggeber entsteht, multiplizieren sich die Ergebnisse, denn: „Projektkommunikation wird dann zu einer Maßnahme im Kommunikations-Mix der Unternehmenskommunikation" (Freitag 2016, S. 209).

Das ist nicht einfach, denn: Jedes Bauprojekt stellt für die externen Dialoggruppen eine Veränderung in ihrem Umfeld dar. Was das bedeutet, unterstreicht folgendes Ondit, das ich einmal von einem Organisationspsychologen gehört habe: „Es gibt nur eine Spezies, die sich Veränderungen wünscht: Das ist das Baby in der dreckigen Windel." Für alle anderen bedeutet Neues im Umfeld Stress, Ärger, Unsicherheit. Das gilt es in der Baukommunikation zu berücksichtigen.

Weil Bauvorhaben viel mit Veränderung zu tun haben, gelten viele der Spielregeln, die auch im Changemanagement von Unternehmen angewendet werden. Gefordert ist

- aktuelle, offene und kontinuierliche Information,
- ein verstärkter Dialog zwischen dem Projektmanagement und den Stakeholdern,
- eine Kommunikation, die Emotionen übermittelt, anspricht und auslöst und die nicht nur auf der kognitiven Ebene stattfindet.

W. Immerschitt, *Kommunikationsmanagement von Bauprojekten*,
DOI 10.1007/978-3-658-13096-1_4

Früher war es in der Öffentlichkeitsarbeit von Bauprojekten damit getan, mit Presseaussendungen, -gesprächen und -konferenzen zu agieren.[1] Heute ist die Medienarbeit multidimensional geworden. Die Massenmedien sind immer noch die wichtigsten Multiplikatoren von Unternehmensbotschaften, langsam korrodiert aber deren Meinungsführerschaft. Warum das so ist, lässt sich sehr plastisch im Gespräch mit Johanna Griesmayr im Abschn. 6.2.2 dieses Buches nachlesen.

Mit der Entwicklung des Internets zum Web 2.0 ist ein neuer Kanal dazugekommen, der ganz neue Möglichkeiten der Publikation eröffnet. „Der Strauß an möglichen Maßnahmen in der Medienarbeit ist bunter, die Reaktionszeiten sind kürzer, der Aufwand höher und das Monitoring bedeutender geworden" (Immerschitt 2010, S. 9 ff.).

Die externe Kommunikation von Bauprojekten hat drei Stoßrichtungen:

- Die **politische Kommunikation** zielt in der Genehmigungsphase auf die zuständigen Gremien in der Kommune, auf Landes- oder Bundesebene ab
- Die **Projektkommunikation** hat die Öffentlichkeit, die Multiplikatoren inklusive der Medien und die Nachbarn auf der Agenda
- Die **Marketingkommunikation** informiert die künftigen Nutzer, Mieter oder Käufer.

Für diese drei Bereiche gilt es nun, die entsprechenden Kanäle und Maßnahmen auszuwählen. Ein Modell, das dafür in letzter Zeit häufiger herangezogen wird, ist PESO, das im folgenden Abschnitt ausführlich dargestellt wird.

4.1 Das Modell PESO

Die Abkürzung PESO steht für *Paid, Earned, Shared und Owned Media.* Das bedeutet: Es muss die richtige Mischung von bezahltem (Werbung, Advertorials), verdientem (Medienarbeit), geteiltem (Social Media) und eigenem (Publikationen, eigene Website) Content gefunden werden. Die Kampagnenmanagerin Sabrina Rizzo hat das Modell in verschiedene Richtungen praktisch weiterentwickelt, indem sie das Modell neu aus der Perspektive des Kunden betrachtet, den Inhalt in den Blick nimmt und neue Content-Typen an den Schnittmengen der vier Bereiche hinzufügt (s. Abb. 4.1).

Die Welt der Paid Media, der Medien, in denen Werbung geschaltet werden kann, war früher ziemlich einfach zu überblicken. Es gab Print sowie Radio und TV. Hier hat Digital vieles durcheinandergewirbelt. Jedes Medium, sei es TV, Radio, Print, hat heutzutage auch einen Online-Widerpart. Dazu kommt die ganze Bandbreite der Werbung in Suchmaschinen oder auf Social Media Plattformen. Für viele Kommunikatoren stellt sich die Frage, welche Kanäle bedient werden sollen und welche nicht.

[1]Wenn Sie sich selbst ein Bild machen wollen, wie grundlegend sich die Medienarbeit verändert hat, nehmen Sie einfach ein Buch zur Hand, das in den achtziger oder neunziger Jahren zum Thema erschienen ist. Beispiele wären etwa Bürger (1986), Rota (1990) oder Bogner (1990).

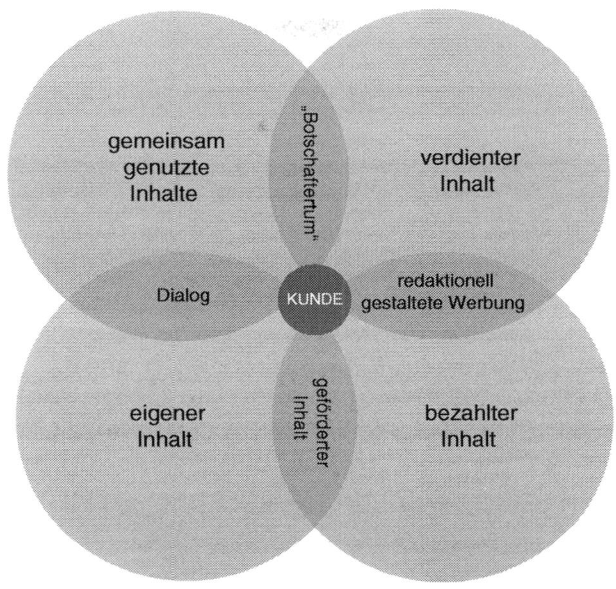

Abb. 4.1 Das Modell PESO strukturiert den Medienmix nach bezahltem, verdientem, geteiltem und eigenem Inhalt und bildet Schnittmengen der vier Bereiche. (Quelle: Lange 2014)

Bezahlte Medien ermöglichen die Darstellung genau nach den Vorstellungen des Projektmanagements. Das ist ein nicht zu vernachlässigender Vorteil: Die Botschaft kann nicht von „Gatekeepern" verändert und vielleicht auch kritisch verfälscht werden. Die große Herausforderung ist freilich andererseits, die Botschaft so zu gestalten, dass sie als Informationsangebot an die Dialoggruppen verstanden wird und nicht als einseitige Propaganda die Kommunikation eher verhindert und sie nicht fördert. Allen Gestaltern von derartigen Advertorials sei ans Herz gelegt, einen Blick von außen darauf werfen zu lassen. Viele Zeitungen verwenden inzwischen einen Reader Scan, bei dem sie ihren Abonnenten einen Laserstift in die Hand geben, der dort abgesetzt wird, wo das Interesse des Lesers ermattet. Oft sind die „Gamestopper" allzu werbliche Aussagen. Nicht selten genügt auch schon ein Einleitungssatz, in dem der Textverfasser seinen Auftraggeber mit vollem Titel und allen Insignien der Macht huldigt.

In Earned Media muss man sich – wie der Name nahelegt – seine Veröffentlichungen verdienen. Und das erreicht man am besten mit News, guten Texten und Fotos, ansprechendem Video- und Audio-Material, neugierig machenden Events sowie guten Kontakten in die Redaktionen. Dieser Bereich war immer die Domäne der Public Relations. Die traditionelle Öffentlichkeitsarbeit hat seit eh und je auf verdiente Berichterstattung gesetzt.

Das setzt voraus, dass Aufmerksamkeit erzielt wird, was bei diesem knappen Gut nicht immer ganz einfach ist. Bei Bauprojekten kann allerdings davon ausgegangen werden, dass der Interessenspegel von Haus aus hoch ist, weil die Medien wissen, dass von größeren Projekten immer eine Vielzahl an Menschen in irgendeiner Form betroffen ist. Dies vorausgesetzt kann mit gut geschriebenen Medieninformationen, aussagekräftigen

Fotos, interessanten Zielgruppenevents und intensiven Kontakten in die Redaktionen Content redlich verdient werden.

Eine besondere Herausforderung ist es, zu erreichen, dass eigener Content „geteilt" wird. Das funktioniert natürlich immer dann, wenn man provoziert und dafür einen „shitstorm" erntet. Es darf aber bezweifelt werden, dass das ein Kommunikationsziel bei Bauvorhaben ist. Umso wichtiger ist es gerade bei kontroversen Bauprojekten, genau zu beobachten, was gepostet wird und aktiv in den Social Media Diskurs einzugreifen. Das Schlimmste wäre es, die Stimmen zu ignorieren, die sich hier Gehör verschaffen wollen. Die Erfahrung zeigt nämlich, dass Journalisten oft die Social Media Plattformen als Meinungsforschungsinstrument nutzen. Wenn die Meinung der Projektbetreiber hier gar keinen Stellenwert einnimmt, kann das zu einer starken Verzerrung in der Berichterstattung führen.

Am einfachsten scheint die Zielgruppenansprache in den Owned Media wie zum Beispiel auf der eigenen Website, in selbst verfassten Blogs oder Unternehmensbroschüren zu funktionieren. Hier kann veröffentlicht werden, was man möchte. Informationen können hier so aufbereitet werden, dass sie für Anwohner, spätere Nutzer oder auch die breite Öffentlichkeit hilfreich sind. Darin steckt aber auch eine Gefahr, insbesondere bei den digitalen Medien. Denn es wird sehr häufig sehr viel sehr schnell veröffentlicht. Ob dies dem „Messaging" oder der Story immer guttut, sei dahingestellt.

Das PESO-Modell entbindet die Projektkommunikatoren nicht davon, sich sehr genau zu überlegen, wie die einzelnen Dialoggruppen über welche medialen Kanäle durch wen mit welchen Inhalten unter Berücksichtigung des Kosten-Nutzen-Effekts und des zu erzielenden Effektes („Lasswell-Formel"[2]) zu erreichen sind. Niemand hat so viel Geld, dass er alles machen kann. Es geht angesichts der Unzahl an Kanälen und Medien mehr denn je darum, das Richtige zu tun – mit dem Budget, das zur Verfügung steht.

Die von Sabrina Rizzo angefügten Schnittmengen sind folgendermaßen zu verstehen (Rizzo 2015):

- **Dialog:** Der Dialog ist das Ergebnis aus „shared" und „owned". Dialog erzeugt immer auch automatisch Content welcher von der Öffentlichkeit beobachtet und genutzt wird. Ein Beispiel sind Service Communities, die Interessenten beratend zur Seite stehen. Das kann Online geschehen, bisweilen stehen aber auch Ombudsleute direkt vor Ort zur Verfügung.
- **Native Advertising:** Bei Native Ads vermischen sich redaktionelle Inhalte mit bezahlter Werbung, ähnlich einer Publireportage. Die Werbung wird dabei redaktionell gestaltet und kommt weniger aufdringlich daher als normale Bannerwerbung. Zudem kann sie von den Usern empfohlen, geteilt oder geliked werden. Dadurch kann die Reichweite erhöht und gleichzeitig die Akzeptanz gesteigert werden.

[2]Der amerikanische Kommunikationswissenschaftler Harald D. Lasswell hat 1948 sein berühmt gewordenes Modell der Massenkommunikation publiziert, das sich auf eine eingängige Formel reduzieren lässt: „Who says what in which channel to whom with what effect?"

- **Advocacy:** An der Schnittstelle zwischen „earned" und „shared" entsteht das „Botschaftertum" – die höchste Kunst der PR und Blogger-Relations. Wenn es nämlich bei einem Bauvorhaben gelingt, dass glaubwürdige und reichweitenstarke Journalisten und Blogger aus persönlicher Überzeugung an einem öffentlichen Gespräch teilnehmen, dann hat dies einen sehr positiven Einfluss auf den Content.
- **Promoted Content:** Bei der Mischung von „owned" und „paid" sind neue Content-Arten wie beispielsweise Rich-Media-Anzeigen oder „Post Promotions" entstanden. Mit Promoted Content kann die Reichweite des „owned" z. B. durch den Einsatz von Google Adwords oder Facebook Post Promotion gesteigert werden.

4.2 Bezahlte Medienauftritte (Paid Content)

Raum für die Darstellung von Bauprojekten kann in Zeitungen und Zeitschriften, Radio und Fernsehen, aber natürlich auch den digitalen Kanälen erworben werden. Dazu, in welcher Form das zielführend ist, kommen wir gleich noch. Zuerst ein paar allgemeine Bemerkungen:

„Medien sind, was früher insbesondere von den Journalisten selbst gerne übersehen wurde, in erster Linie kommerzielle Unternehmen" (Immerschitt 2010, S. 20). Das mag auch daran gelegen haben, dass der „vierten Gewalt", die sich aus den Revolutionen des 19. Jahrhunderts heraus entwickelt hat, die hohe Aufgabe zugeteilt wurde, den Rezipienten Zugang zu umfassenden Informationen zu verschaffen und so den Bürgern politische Meinungsbildung und Mitwirkung am Staat zu ermöglichen.

In den letzten Jahren hat sich das betriebswirtschaftliche Umfeld für die Medien massiv verändert. Wenn man sich mit Journalisten unterhält, vermitteln sie eine recht morbide Stimmung. Das sprichwörtliche „Zeitungssterben" schlägt sich auf das Gemüt. Um zusätzliche Einnahmen zu generieren, werden von den Verlagen hybride Werbeformen entwickelt, die kaum noch von redaktionellen Inhalten zu unterscheiden sind. Auch das schlägt sich bei Redakteuren, die noch andere Zeiten erlebt haben, auf die Stimmung. Sie beklagen den Verlust der Unabhängigkeit in der Berichterstattung durch Abhängigkeit von zahlenden Anzeigenkunden.

Solange die klassischen Medien dazu beitragen können, Botschaften zu verbreiten, die für den Kommunikator wichtig sind, was zum jetzigen Zeitpunkt zweifelsfrei der Fall ist, ist es notwendig, deren Möglichkeiten für die Projektkommunikation zu nutzen. Der Autor plädiert dabei für eine langfristige, verlässliche Partnerschaft auf Augenhöhe. „Beide Seiten sollten sich immer vor Augen halten, dass eine langfristige Beziehung immer ein Geben und Nehmen ist. Die Waage darf nie zu sehr auf eine Seite ausschlagen" (Immerschitt 2010, S. 24 f.). Ethische Grenzen müssen dabei immer eingehalten werden. Letztlich schadet es allen Beteiligten, wenn werbliche Inhalte als objektive Information getarnt werden. Lieber mit offenem Visier schreiben, sagen oder posten, was geplant ist, als sich heimlich redaktionellen Inhalt zu erschleichen.

Was sind die praktikabelsten Formen, wie Projekte zu bezahlten medialem Inhalte kommen?

4.2.1 Advertorials

Das Wort Advertorial ist zusammengesetzt aus Advertisement und Editorial. In dieser Form der Kommunikation insbesondere in Printmedien (heute aber auch häufig in regionalen Fernsehsender genutzt) wird also in der Form eines redaktionellen Beitrags bezahlter Inhalt transportiert. In der Schweiz werden Advertorials „Publireportagen" genannt. Die quasiredaktionelle Darstellungsform hat in erster Linie damit zu tun, dass Investitionsprojekte wie sie Wohnungen oder Geschäfte eben sind, nach intensiverer Erklärung verlangen als beispielsweise das Angebot eines Lebensmittelhändlers.

Der Informationsbedarf der Kunden steigt naturgemäß mit der Höhe der Kaufsumme. Was übrigens für alle Investitionsgüter gilt. Philip Kotler (1999, S. 305 ff.), der 1931 geborene und zuletzt an der Northwestern University lehrende Amerikaner nennt sie die P-Produkte (P- steht für „Producer"). Je bedeutsamer eine Anschaffung ist – egal ob von Unternehmen oder Privatpersonen – desto größer muss der Aufwand sein, der betrieben wird, um den Kunden einen Überblick über das Angebot zu verschaffen.

Zu beachten ist, dass nach dem Presserecht im DACH-Raum redaktionelle Inhalte und Werbung klar getrennt werden müssen. Das heißt, dass Advertorials als Anzeigen gekennzeichnet sein müssen. Und zwar auch dann, wenn sie durch Schrifttypen, Verwendung von Logos oder einer erkennbar anderen Gestaltung als die sonstigen redaktionellen Inhalte eigentlich als bezahlter Inhalt erkennbar sind. In der Praxis bewegen wir uns hier oft in einem Graubereich, indem die Kennzeichnung so gestaltet wird, dass sie schwer erkennbar ist. Medienunternehmen, die in diesem Grenzbereich zur Schleichwerbung operieren, bemühen sich oft um die Verschleierung der Werbefunktion, um die Werbewirkung und damit den Verkaufswert zu erhöhen. Das führt bedauerlicherweise dazu, dass Advertorials generell unterstellt wird, dass sie Züge von Schleichwerbung hätten.[3]

Bauvorhaben werden in regionalen Printmedien meist auf halb- bis ganzseitigen Zeitungsseiten vorgestellt. In der Regel geschieht dies in der Phase der Vermarktung der Flächen, also gegen Ende des Bauvorhabens oder bei Beginn des Verkaufs von Eigentumswohnungen oder von Geschäften. Seltener werden sie in den Phasen von der Entwicklung bis zum Behördenverfahren eingesetzt. Dabei wäre es gerade im Zeitraum vor Baubeginn sinnvoll, darzustellen, was geplant ist. Damit könnten Fragen von interessierten Dialoggruppen antizipiert werden und möglicherweise auch von vornherein manches Gerücht vermieden werden.

4.2.2 Baureportagen in Bewegtbildern

Noch sehr selten genutzt werden in der Projektkommunikation die Möglichkeiten von Vodcasts. Der Begriff Vodcast setzt sich aus den Worten Video, iPod und Broadcasting

[3] siehe beispielsweise https://de.wikipedia.org/wiki/Advertorial, abgerufen am 06.12.2015 (Wikipedia 2015).

zusammen. Einerseits können selbst produzierte Clips auf YouTube, Clipfish oder anderen Plattformen hochgeladen werden. In dem Fall bewegen wir uns im Bereich der sozialen Medien und der „Ich-Verlegerschaft". Andererseits eignen sie sich aber auch für die Verbreitung als bezahlter Inhalt über TV-Stationen. Perfekt umgesetzt hat das Rapid Wien beim Bau des neuen Stadions, worüber Sie im Abschn. 6.2.3 lesen werden.

Vodcasts gelten „mehr denn je als authentischste Darstellung von Wirklichkeit. Ihre Dramaturgie folgt den Regeln der menschlichen Rundum-Wahrnehmung, mit allen Vor- und Nachteilen der Emotionalisierung, Manipulation oder Suggestion" (Schulz-Bruhdoel und Bechtel 2009, S. 158). Gute Vodcasts leben von Esprit und Originalität, der Authentizität und den rhetorischen Fähigkeiten der „Darsteller". Alles, was Sie ins Netz stellen, wird an Benchmarks gemessen.[4] Deshalb Vorsicht vor Dilettantismus. Das kann sehr schnell zu Spott und Hohn führen.

Für die Projektkommunikation ist zweierlei wesentlich: An erster Stelle steht die Wahl des Produktionsteams. Sie brauchen keinen Regisseur vom Format eines Michael Haneke oder Stephen Spielberg. Aber Sie müssen auf Professionalität und Kreativität achten. Hüten Sie sich vor Dilettanten, die zwar billig sind, dafür aber ein peinliches Ergebnis abliefern. Und werfen Sie die Repräsentanten Ihres Hauses nicht ins eiskalte Wasser. Niemand wird als Schauspieler geboren und Sie müssen auch keiner werden, wenn Sie glaubhaft Ihre Botschaft verbreiten möchten. Aber es macht durchaus Sinn, sich vor dem Auftritt coachen zu lassen, denn niemand sieht sich selbst gerne bei einem bestenfalls suboptimalen Auftritt vor der Kamera.

Die Videos werden entweder auf der eigenen Homepage und/oder zusätzlich auf Podcast-Portalen als Live-Stream ohne die Möglichkeit des Herunterladens (Filme) oder wahlweise zum Soforthören oder Herunterladen (Audiodateien) bereitgestellt. Der Vorteil des Uploadens auf eine Plattform ist, dass Sie keinen Speicherplatz auf der eigenen Homepage benötigen. Es genügt ein Link.

Gefragt ist immer häufiger auch virales Marketing. Damit sind Werbeaktionen gemeint, die sich wie ein Virus bei der Zielgruppe verbreiten. Häufig wird dies durch witzig gemachte, kurze Videoclips zum Beispiel auf YouTube erreicht. Der Link dazu kann ganz einfach via Facebook, XING, LinkedIn, per Mail oder WhatsApp verbreitet werden.

Es besteht aber auch die Möglichkeit, Sendezeit in einem der privaten regionalen Sender ein TV-Advertorial zu buchen. So gut wie jede Region im deutschsprachigen Raum wird von einem oder mehreren Anbietern bespielt. Häufig übernehmen die „Privaten" auch die Produktion der Clips und stellen diese nach der Ausstrahlung auch zur Verwendung auf der eigenen Projekt-Website oder den Vodcast-Plattformen zur Verfügung. Selbstverständlich können Sie aber auch den umgekehrten Weg gehen und selbst den Clip bei einem Produktionsteam beauftragen. In der Regel ist das auch eine Frage des Budgets, das Sie aufzuwenden bereit sind.

[4]Einige Beispiele für Projektkommunikation mittels Videos finden Sie hier: www.architekturvideo.de.

Ein Gespräch über die Möglichkeiten mit Ihrem jeweiligen regionalen TV-Anbieter lohnt sich jedenfalls, denn gerade bei Bauten bietet sich diese Vermittlungsform an, da mit Bewegtbildern Emotionen „verkauft" werden können. Ungeachtet dessen werden Sie gegenwärtig noch relativ selten bezahlten Content im Privatfernsehen finden, bei dem es um Bauvorhaben geht. Dieses Geschäftsfeld haben offenbar die kleinen Sender ebenso wenig entdeckt wie die Bauherren.

Hier einige Beispiele für Vodcasts über Großbauvorhaben, die sehr unterschiedlich gestaltet sind, aber durchaus einen Eindruck verschaffen, was mit Bewegtbildern erreicht werden kann. Alle drei Beispiele wurden von einigen tausend Interessenten angesehen. Bei entsprechender virtueller Verbreitung des Links wären freilich noch deutlich größere Klickraten möglich:

- Das Battersea-Kraftwerk in London, das einst das Animals-Cover von Pink Floyd zierte, ist ein sehr markantes Gebäude der britischen Hauptstadt. Seit Jahrzehnten wird hier kein Strom mehr produziert. Stattdessen wurde es zu einem urbanen Multifunktionszentrum umgestaltet. 2000 wurde der erste Teil eröffnet,[5] 2016 auch das benachbarte ehemalige Umspannwerk von den Schweizer Architekten Herzog & de Meuron in einen pyramidalen, in sich verdrehten Ausstellungsturm umgewandelt. Die Tate Modern ist heute – nicht zuletzt aufgrund seiner hervorragenden Architektur – das erfolgreichste zeitgenössische Museum der Welt mit 5 Mio. Besuchern jährlich (Spiegler 2016).
- Mit der Europacity soll in Berlin bis 2020 ein neues, lebendiges Stadtquartier gebaut werden. In unmittelbarer Nachbarschaft zum Hauptbahnhof entsteht auf einer 40 Hektar großen Brache ein neues Stadtviertel. Den Film zu diesem Projekt hat die Senatsverwaltung für Stadtentwicklung und Umwelt in Auftrag gegeben.[6]
- 2013 ging der neue Campus der Wirtschaftsuniversität Wien in Betrieb. Über das Pre-Opening der größten Wirtschaftsuniversität Europas wurde ein Videobericht erstellt mit Interviews vieler Beteiligter und Schnittbildern mit beeindruckenden Architekturaufnahmen.[7]

4.2.3 Gesponserte Blogbeiträge

Die ersten Logbücher im Internet entstanden in den 90er Jahren, gestaltet von IT-Spezialisten, die darin über ihre Arbeit und ihr Privatleben berichteten. Besucher des Logs kommentierten und ergänzten die Kommentare. Heute sind es längst nicht mehr nur die EDV-Tüftler, die sich so austauschen. Kein Mensch kann genau sagen, wie viele aktive

[5]https://www.youtube.com/watch?v=WCP6DFdtsq4, abgerufen am 07.12.2015.
[6]https://www.youtube.com/watch?v=D5cv504JnMk, abgerufen am 07.12.2015.
[7]https://www.youtube.com/watch?v=FrwPbXpsRBA, abgerufen am 07.12.2015.

Blogs es gibt. Geschätzt sind es in Deutschland 900.000, wobei sich in letzter Zeit eine Stagnation abgezeichnet hat. Alle, die sich artikulieren können und wollen, haben offenbar ihre Spielwiese im Netz gefunden.

Fakt ist, dass es zu fast jedem Thema jemanden gibt, der sich mitteilen will und Gleichgesinnte findet, die mitlesen und -diskutieren. Blogger berichten schnell und authentisch. Sie stoßen über Kanäle wie Facebook, Instagram, YouTube, Snapchat und Pinterest wichtige virale Effekte an. Das heißt, dass ein Beitrag nicht nur auf dem jeweiligen Blog verbreitet wird, sondern auch über Social Media Kanäle. Blogger liefern somit kostbare Verlinkungen, die Unternehmen bekannter machen, die Sichtbarkeit in sozialen Netzwerken steigern und einen entscheidenden Beitrag zur Suchmaschinen-Optimierung leisten.

Für Unternehmen besonders interessant sind Weblogs, die von Bloggern mit einer hohen Fachkenntnis im gesuchten Bereich geschrieben werden. Sie haben meist nicht nur den Status eines Brancheninsiders, sondern sind häufig auch noch höchst engagiert. Kritiker können – bisweilen durchaus berechtigt – einwenden, dass vieles von dem, was Blogger von sich geben, schlecht geschriebener, schlecht recherchierter und oft auch sehr einseitiger Unfug ist. Es gibt aber auch das Gegenteil davon, nämlich sehr engagierte und sachlich kompetente Einlassungen. Genau das, was den Sinn des Blogs ausmacht, nämlich „Expertise, Leidenschaft und Kopf zu zeigen" (Schulz-Bruhdoel und Bechtel 2009).

Dies gilt auch für Blogger, die sich mit Architektur und Bauen auseinandersetzen. Bestätigt wird das etwa von Jakob Schoof, der für die anerkannte – in München erscheinende – Architekturzeitschrift Detail schreibt. Für ihn sind Blogbeiträge Inspiration aber auch Seismograf für interessante Themen: Wenn häufiger in Blogs über eine Entwicklung in der Bauwirtschaft geschrieben wird, ist das ein Signal, dass ein Thema Karriere macht (Eisenegger 2008, S. 48).

Jakob Schoof empfindet etwa www.baunetz.de als „grafisch sehr gelungen und aufgeräumt." Zu den besten (weil quantitativ reichhaltigsten) Quellen für die Projektrecherche gehören für den Architekturjournalisten www.archdaily.com, www.designboom.com und www.dezeen.com, wenngleich hier kritisiert werden kann, dass auf den Seiten grafisch tendenziell zu viel Unordnung herrscht.

Gute Informationsarbeit zum Thema ökologisch/energieeffizient Bauen und Sanieren (mit Schwerpunkt aus Deutschland) leistet seit Jahren schon www.enbausa.de.

Den besten Überblick über das Architekturgeschehen im angelsächsischen Raum und dessen mediale Rezeption bietet www.archnewsnow.com. Eine „Bleiwüste" (Schoof), sind doch jeden Wochentag unglaublich viele Presse- und Onlineartikel zu Architekturthemen aus allen möglichen Ländern (allerdings mit Schwerpunkt Nordamerika) verlinkt. Eine Fundgrube, wenn man sie zu nutzen weiß.

Wenn Sie mit anerkannten Bloggern zusammenarbeiten möchten, sollten Sie den in Abb. 4.2 beschriebenen Weg gehen (vgl. Eck 2013):

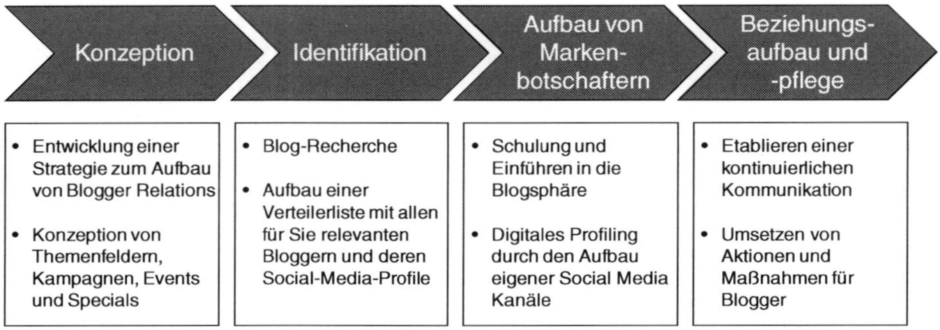

Abb. 4.2 Beziehungen zu renommierten Bloggern aufzubauen funktioniert ähnlich wie strategische Medienarbeit. Am Anfang steht ein Konzept, im laufenden Betrieb intensives Beziehungsmanagement im Vordergrund. (Quelle: Eck Consulting Group GmbH & Co. KG 2013)

> Blogger Relations unterscheiden sich nicht grundlegend von der klassischen Medienarbeit. Hier wie dort gilt, dass Sie sich zuerst einmal überlegen müssen, wer die für Sie interessantesten Blogger sind und auf welchen Wegen mit welchen Inhalten sie diese ansprechen wollen. Über die Blogsuche können Sie wichtige Blogger herausfinden, ebenso wie über Twitter, Facebook und YouTube. Die meisten Blogger twittern, um darüber auch ihre Bloginhalte zu vermarkten. Nutzen Sie deshalb Twitter-Listen, um auf weitere Multiplikatoren zu stoßen. Auf einigen Blogs finden Sie eine „Blogroll", die Verlinkungen zu thematisch ähnlichen oder befreundeten Blogs bietet.

Nehmen Sie die präferierten Blogger in Ihre Medien-Datenbank auf. Manche Blogger haben nichts dagegen, Medieninformationen zu erhalten. Andere jedoch präferieren eine anlassbezogene Kommunikation (Geisel 2012). Diese Präferenzen sollten Sie in Ihrem CRM-System festhalten. Da es im Bereich Bauen eine sehr überschaubare Anzahl an interessanten Bloggern gibt, lohnt sich der Aufwand eines persönlichen Kennenlernens. Gelegenheit dazu gibt es bei Barcamps, Twitter- und Bloggertreffen.[8]

Wie die klassischen Medien auch wollen die Blogger von etwas leben. Je einflussreicher ein Onlinepublizist ist, desto teurer ist die Platzierung von bezahltem Content. In der Regel findet die Bezahlung über Einladungen (bei Reisebloggern), Sachzuwendungen (bei Mode-, Garten- oder Werkzeugbloggern) oder ein Honorar statt. Bei Bauvorhaben empfiehlt sich eine Kombination aus Einladung zur Besichtigung des Projekts und einem Honorar.

[8]solche Veranstaltungen gibt es in vielen Städten. Ein Beispiel ist der Social Media Club in München: https://smcmuc.wordpress.com/tag/bloggertreffen/ oder „It's a match" in Salzburg: http://www.itsamatch.at, abgerufen am 22.10.2016.

4.3 Berichterstattung in den klassischen Medien (Earned Content)

Bei allen größeren Bauvorhaben gehört die klassische Medienarbeit in Form von Pressemitteilungen oder -gesprächen in den Instrumentenkoffer. Gut gemacht, sorgt diese Form der Vermittlung für entsprechenden Niederschlag in den traditionellen Medien. Allerdings ist hier immer zu berücksichtigen, dass der gewünschte Content so gut wie nie unverändert weitergegeben, sondern immer durch die Journalisten als „Gatekeeper“[9] gefiltert wird.

Die Medienarbeit kann von jedem der Beteiligten aus anderen Gesichtspunkten genutzt werden. Davon war bereits ausführlich im Abschn. 4.1 die Rede. Ein Aspekt, der noch nicht angesprochen wurde, ist der Imagetransfer für den Bauherrn:

> Der Bauprozess kann im und außerhalb des Unternehmens als identitätsbildender, fassbarer Ausdruck und Tatbeweis einer gelebten Unternehmenskultur genutzt werden. Mitarbeitende und eine Vielzahl von externen Zielgruppen können über ganz neue Themengebiete angesprochen werden. Der Baufortschritt und die damit verbundenen Meilensteine bieten dazu ideale Plattformen (Imbach 2015, S. 2).

Themen wie der eigene Umgang mit Ressourcen, Qualität oder Innovation lassen sich thematisieren. Bauten vermögen auch die Corporate Identity eines Unternehmens in ganz besonderer Weise sicht- und erlebbar machen. Das Bauvorhaben spricht sozusagen über die CI des Unternehmens, sie kann und sollte aber auch aktiv in die Kommunikation eingebunden werden.

Bei keinem größeren Projekt kommen die Verantwortlichen umhin, ein kontinuierliches Gespräch mit den Medien zu suchen. Dabei gilt es, die Kommunikation zu bestimmen und sich nicht womöglich durch Interessengruppen treiben zu lassen. In Journalistenkreisen gilt, dass „dem die Geschichte gehört, der sie zuerst erzählt.“ Es empfiehlt sich also, gleich zu Beginn der Planungen in die Medienarbeit einzusteigen. Auf den nächsten Seiten werden die gängigsten Maßnahmen im Bereich der Medienarbeit geschildert, um damit „earned Content“ zu erzielen.

4.3.1 Basispressemappe als Faktensammlung

Journalisten oder Online-Autoren, die eine Information suchen, wollen rasch und auf einen Blick eine Antwort erhalten. Deshalb benötigen Sie für Ihr Bauprojekt eine Pressemappe. Sie kommt immer dann zum Einsatz, wenn Sie mit einem Journalisten erstmals oder nach längerer Zeit wieder einmal in Kontakt treten.

---

[9] Geprägt wurde dieser Begriff durch den amerikanischen Medienkritiker Walter Lippmann in der Zwischenkriegszeit. Siehe https://de.wikipedia.org/wiki/Gatekeeper_%28Nachrichtenforschung%29, abgerufen am 07.12.2015.

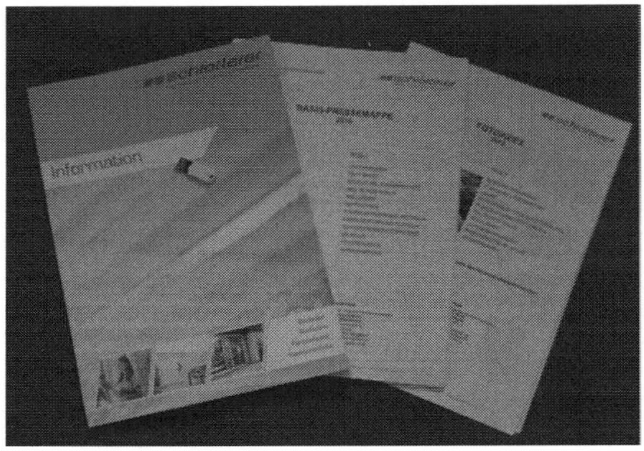

Abb. 4.3 Die Pressemappe dient dem raschen Überblick über das Projekt und die daran beteiligten Unternehmen. Sie wird online gepostet und bei Gesprächen mit Journalisten inklusive Datenträger übergeben. (Quelle: Schlotterer Sonnenschutz Systeme)

In diesem etwas umfänglicheren Werk steht alles, was es über das Bauprojekt Interessantes zu erzählen gibt (vgl. Abb. 4.3). Geschrieben wird diese Pressemappe wie ein Informationsmemorandum. Bei der Gestaltung können Sie ruhig etwas mehr Aufwand betreiben, ohne dabei zu übertreiben. Das gilt auch für die Inhalte. Denken Sie ruhig auch daran, dass es Sinn macht, Inhalte nicht nur staubtrocken als Faktensammlung darzustellen, sprechen Sie ruhig auch die emotionale Seite Ihres Projekts an. Schließlich ist die Pressemappe ja so etwas wie ein Aushängeschild Ihrer gesamten Medienarbeit. Text- und Bildelemente sollten Sie zu einem Booklet binden. Wenn Sie im persönlichen Gespräch die Mappe übergeben (etwa bei einem Redaktionsbesuch oder im Rahmen einer Immobilienmesse), liefern Sie alle Texte und Fotos auf einem Datenträger (USB-Stick) mit.

Die Pressemappe – in diesem Fall werden alle Dokumente in eine Flügelmappe gegeben und auf dem mitgelieferten USB-Stick abgespeichert (Schlotterer 2015) – enthält unter anderem einen Hintergrundtext über die Geschichte des Projekts, Angaben zu den Fakten und Daten, Informationen zu den beteiligten Unternehmen, Lebensläufe der wesentlichen handelnden Personen im Projekt (Auftraggeber, Architekt, Projektmanagement, Generalunternehmer usw.). Gerade bei Bauprojekten ist es ungemein wichtig, dass in der Basispressemappe bzw. im Downloadbereich Illustrationen – also Fotos, Pläne, Modelle und Renderings – mitgeliefert werden. Selbstverständlich darf auch der Link zum Video nicht fehlen, das Sie produziert haben.

Die Pressemappe ist ein sehr „lebendiges" Produkt, das zumindest einmal pro Jahr zur Gänze überarbeitet werden muss. Während des Jahres können und müssen Änderungen und Ergänzungen vorgenommen werden. Vor allem der aktuelle Bauverlauf sollte bildlich auch dargestellt werden, Veranstaltungen wie Spatenstich oder Richtfest fotografisch dokumentiert sein.

4.3.2 Media-Newsroom als Informationsdrehscheibe für Journalisten

Selbstverständlich sollte es sein (ist es in der Praxis aber nicht), dass alle wichtigen Informationen, die in der Pressemappe aufgeführt, auch im Media-Newsroom auf Ihrer Projekt-Website (von der noch zu reden sein wird) abgespeichert sind. Ein Download-Link sollte daher an prominenter Stelle in der Pressemappe angeführt werden.

Ein gut gemachtes Beispiel für einen Mediencorner wäre etwa jener des Schweizer Immobilienentwicklers und Generalunternehmens Steiner (2016) mit Sitz in Zürich (s. Abb. 4.4).

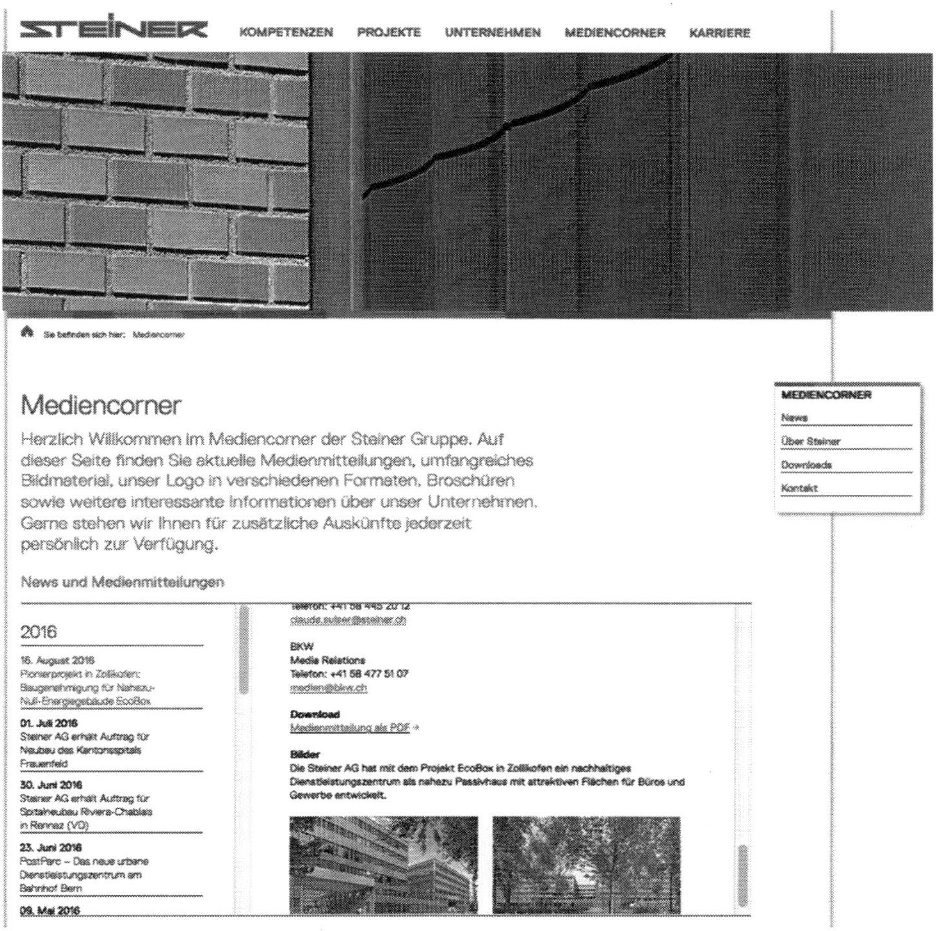

Abb. 4.4 Dem Mediencorner gebührt besondere Sorgfalt, weil hier nicht nur Journalisten recherchieren. Der Bereich gehört generell zu den am häufigsten aufgerufenen Pages, weil sich hier auch andere User einen raschen Überblick verschaffen. (Quelle: Steiner AG)

Schon in der Einleitung des Mediencorners steht, was den suchenden Medienmitarbeiter erwartet: „Auf dieser Seite finden Sie aktuelle Medienmitteilungen, umfangreiches Bildmaterial, unser Logo in verschiedenen Formaten, Broschüren sowie weitere interessante Informationen über unser Unternehmen. Gerne stehen wir Ihnen für zusätzliche Auskünfte jederzeit persönlich zur Verfügung.“ Die Ansprechpartner sind mit Namen, Telefonnummer und Mailadresse angeführt, etwa im Monatsrhythmus werden Medieninformationen gepostet. Mit einem Klick auf die links im Bild zu sehenden – chronologisch geordneten – Kurzinfos öffnet sich der gesamte Pressetext im HTML-Format. Am Ende des Langtextes sind die Ansprechpartner für die Medien genannt und einen Link zum Download des Texts als. pdf. Nicht gut gelöst ist bei dem genannten Beispiel der Download der Fotos. Wie es besser gemacht werden kann, zeigt das Beispiel in Abb. 4.5 (Plenos 2016).

Den suchenden Journalisten wird nicht nur die Möglichkeit geboten, den Text als. docx und.pdf herunterzuladen. Auch alle Bilder können für die unterschiedlichen Verwendungsmöglichkeiten in vier verschiedenen Größen mit einem Klick auf der Festplatte gespeichert werden. Damit erspart sich der Blogger oder Onlineredakteur das Herunterrechnen, der Journalist beim Fachmedium weiß, dass die Auflösung auch für ein Magazin ausreichend ist.

4.3.3 Laufende Information über Medienmitteilungen

Die Medienmitteilung (vulgo auch Presseaussendung oder Presseinformation genannt, obwohl sie sich längst nicht mehr nur an die Printmedien wendet) ermöglicht es, mit einem Thema gleichzeitig eine Reihe von Medien anzusprechen. Das ist ihre Stärke und zugleich ihre ganz große Schwäche (ausführlich Immerschitt 2010, S. 39–60). Weil gleichzeitig

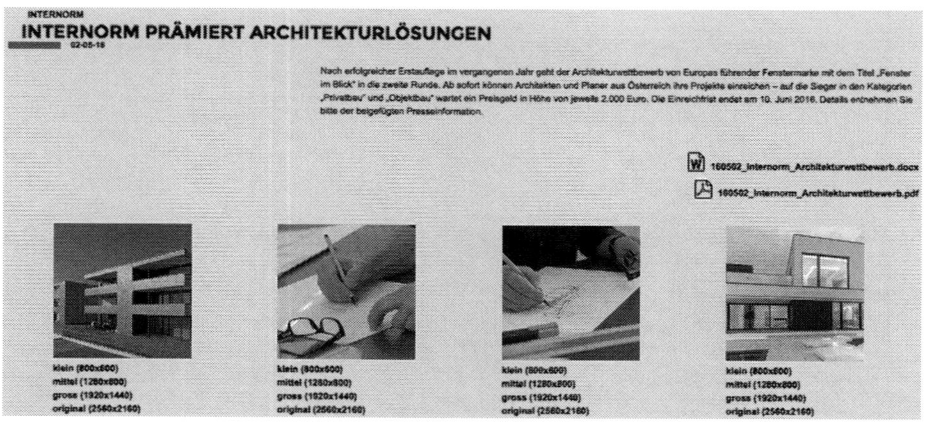

Abb. 4.5 Downloadbereich von Pressefotos bei Europas größtem Fensterhersteller Internorm: Hier werden Illustrationen in vier verschiedenen Auflösungen angeboten. (Quelle: plenos – Agentur für Kommunikation)

viele Medien angesprochen werden können und die Verbreitung via E-Mail auch keinen Aufwand darstellt (außer der Erstellung eines Verteilers und die Individualisierung der einzelnen Mails, die notwendig ist, um nicht sofort im Spamfilter zu landen), wird dieses Instrument der Medienarbeit zunehmend missbraucht.

Ein zweites Manko, das Medienmitteilungen haben, liegt darin begründet, dass es keinen Sinn für die adressierten Journalisten macht, das gleiche zu schreiben wie alle Kolleginnen und Kollegen. Denn das führt dazu, dass es kein Alleinstellungsmerkmal bei den redaktionellen Inhalten gibt.

Erfolge mit Medienmitteilungen zu erzielen, wird also immer schwerer. Und wenn, dann auch nur, wenn entsprechendes „handwerkliches" Können vorhanden ist.[10] Damit kann die Wahrscheinlichkeit erhöht werden, überhaupt auf die Shortlist der Journalisten zu kommen.

All diese Probleme sollten Sie sich bewusst machen und dann dennoch unerschrocken dieses Instrument verwenden, um bei den Journalisten, die für Sie relevant sind, im Mindset zu bleiben. Außerdem werden Sie sicher auch den einen oder anderen Abdruck erreichen.

Das passiert dann, wenn Sie einige Punkte beachten: Wie jeder Zeitungsartikel oder jeder Beitrag in einem elektronischen Medium lebt auch jede Medieninformation davon, dass eine prägnante Überschrift zum Weiterlesen animiert. Medieninformationen richten sich an Journalisten, die berufsbedingt sehr schlagzeilenorientiert selektieren. Nicht gefragt sind dabei „witzige Einfälle" oder boulevardeske Schlagworte. Auch allzu augenfälliges Marketingsprech spricht Journalisten nicht an. Wer das Größte, Beste, Schönste und gleichzeitig Kostengünstigste verkündet, erreicht nur eines: Skepsis. Und den Reiz, das Ansinnen beiseite zu legen und nicht weiter zu verfolgen, wie der Architekturkritiker Wojciech Czaja das formulierte.[11]

Bei längeren Medienmitteilungen wird die Kerninformation üblicherweise in einem Vorspann zusammengefasst. Mit wenigen Worten soll der Vorspann den Leser in den Text hineinziehen (Schneider und Wolf 2006, S. 225). Die Ungeduld der Leser spüren nicht nur Verfasser von Medieninformationen, sondern auch Radio- und Fernsehstationen, die genau wissen, wann Hörer und Zuschauer zur Fernbedienung greifen. Printmedien unternehmen leidvolle Selbstversuche: Readerscans zeigen an, wo genau das Interesse der Leser erlahmt. Dabei werden ausgewählten Abonnenten elektronische Lesestifte in die Hand gedrückt. Der Scanner notiert brav mit, an welcher Stelle mit dem Lesen aufgehört wird. Die Analytiker wissen also ganz genau, was die Konsumenten für würdig empfinden, gedruckt und geistig aufgenommen zu werden. Das ist sozusagen die

---

[10] Anleitungen zum Schreiben von Medienmitteilungen gibt es am Büchermarkt einige. Aus jüngerer Zeit möchte ich hier stellvertretend die bereits zitierte Monografie von Viola Falkenberg erwähnen. Aus der Feder von Hans-Peter Förster stammt „Texten wie ein Profi". Texten wie ein Profi: Ein Buch für Einsteiger und Könner. Mit über 5000 Wort-Ideen zum Nachschlagen! Frankfurt am Mai, 9. Auflage 2007.

[11] Wojciech Czaja im Gespräch mit dem Autor am 10. Februar 2016.

Schere im Kopf der Journalisten, die sofort den Kontakt abschneidet, wenn eine Information für Leser, Hörer und Seher des jeweiligen Mediums uninteressant ist. Wenn das passiert, haben Sie mit Ihrer Mitteilung keine Chance, zum Endverbraucher durchzudringen.

Der artikelgerechte Aufbau sagt auch, dass die Information gleich in den ersten Sätzen die sechs „W“ zu enthalten hat: „Wer, was, wann, wo, wie und warum“. Die Amerikaner nennen diesen Aufbau auch „Climax-first-structure“. Fallen Sie ruhig gleich „mit der Tür ins Haus“. Die weiteren Informationen sind danach nach der Rangfolge der Wichtigkeit, Logik und Klarheit der Aussage zu formulieren.

Medienmitteilungen sind keine wissenschaftlichen Arbeiten und Sie müssen damit auch nicht beweisen, dass Sie Bau-Fachchinesisch verstehen und sprechen. Grundsätzlich sollte nichts als bekannt vorausgesetzt, sondern alles kurz in den notwendigen Erklärungszusammenhang gestellt werden. Auch hier eine Erkenntnis der Rezipiententests: Wer nicht an Geschriebenes oder Gesprochenes anschließen kann, ist frustriert und wendet sich ab.

4.3.4 Pressekonferenzen schaffen persönliche Beziehungen

In der Unternehmenskommunikation verlieren Pressekonferenzen immer mehr an Bedeutung. „Das liegt ganz einfach daran, dass sie viel Zeit erfordern, die Journalisten einfach nicht mehr haben. Dann kommt noch dazu, dass alle Anwesenden die gleiche Information erhalten, womit das Alleinstellungsmerkmal in der Berichterstattung nicht gegeben ist“ (Immerschitt 2010, S. 94). Pressekonferenzen haben freilich auch Vorteile: Sie ermöglichen den Dialog und dienen der Anschauung. Beides ist gerade in der Projektkommunikation von enormer Bedeutung.

Zum einen ist es bei Großbauten wichtig, dass die Journalisten wissen, wer die handelnden Personen sind, bei denen Sie im Bedarfsfall weitere Informationen erhalten können. Dieser direkte Kontakt kann im Laufe der Umsetzung eines Bauvorhabens von größter Bedeutung sein. Außerdem können beim Pressegespräch Details über den Projektablauf, die Architektur, die städtebaulichen Überlegungen und vieles mehr im Detail erklärt werden. Um eine gute Story schreiben zu können, ist gerade das oft sehr wichtig.

Das alles ändert jedoch nichts an der Tatsache, dass sowohl die Zahl der Pressekonferenzen als auch die Teilnahme von Medienvertretern sinkt. Für die Projektkommunikation bedeutet das: Maß halten und nur dann einladen, wenn es sinnvoll ist, Sie also wirklich etwas Wichtiges zu sagen haben. Es gibt eine einfache Killerfrage: „Kann ich das, was ich bei der Pressekonferenz mitteilen möchte, ohne Informationsverlust auch schriftlich kommunizieren?“ Wenn Sie diese Frage mit „Ja“ beantworten können, sollten Sie es sich gut überlegen, ob Sie den Aufwand für alle Beteiligten treiben wollen.

Wenn Sie sich nach reiflicher Überlegung dafür entschieden haben, eine Pressekonferenz abzuhalten, gilt es zunächst, einen geeigneten Termin festzulegen. Kollisionen mit anderen Terminen lassen sich nie ganz vermeiden, weil die Einladungen zu den Pressekonferenzen immer relativ kurzfristig verschickt werden. Helfen kann ein kurzes Telefonat mit einigen wichtigen Redakteuren, deren Anwesenheit bei Ihrem Thema besonders wichtig wäre.

Von den Wochentagen her bieten sich alle Tage an, wobei am Freitag häufig mehrere große Unternehmen (wegen der auflagenstärkeren Samstagsausgaben der Zeitungen) ihre Termine ansetzen und deshalb leicht die Gefahr besteht, dass ein Pressetermin „untergeht". Von der Uhrzeit her hat sich 10 oder 11 Uhr bewährt. Die Brutto-Zeitdauer soll inklusive Fragestellungen keinesfalls ein bis maximal zwei Stunden übersteigen, in letzterem Fall muss aber auch ein Gang über die Baustelle inkludiert sein.

Was den Ort betrifft, so gibt es in der Projektkommunikation nur eine Option: In unmittelbarer Nähe des Grundstücks, auf dem das Bauvorhaben errichtet wird.

Die Einladung sollte weder zu lange, noch zu kurz vor der Pressekonferenz ausgesandt werden. Handelt es sich um eine Pressekonferenz mit regionaler Bedeutung, so genügt es in der Regel, wenn etwa ein bis zwei Wochen vorher eingeladen wird. Bei überregionalen Veranstaltungen, zu denen auch externe Journalisten – etwa von Architektur- oder Branchenmedien anreisen – muss natürlich ein längerer Vorlauf eingeplant werden. Vier Wochen sollten aber in der Regel genügen. Eine Ausnahme gibt es freilich: Wenn Sie internationalen Journalisten aus Ländern mit Visumpflicht die Teilnahme ermöglichen wollen, ist je nach Herkunftsland noch mehr Zeit einzuplanen.

4.3.5 Einzelgespräche mit Journalisten

Das persönliche Gespräch war immer schon der wichtigste Teil der Öffentlichkeitsarbeit (Immerschitt 2010, S. 102). Davon zeugen viele Belege; von den griechischen und römischen Philosophen bis herauf in die Gegenwart. Rhetorik ist ein Erfolgsfaktor der Kommunikation. Das gilt für die interne Kommunikation genauso wie für die Vermittlung von Botschaften nach außen. Die wichtigsten Multiplikatoren Ihrer Information über ein Bauprojekt, die Journalisten, schätzen das direkte Gespräch ganz besonders, zumal dann, wenn interessante Aspekte offen beleuchtet werden und Fragen offen und ehrlich beantwortet werden.

Ein wesentlicher Erfolgsfaktor von Interviews ist die Orientierung am Gegenüber. Häufig wird ein „Sender-zentriertes statt eines Empfänger-zentrierten Kommunikationsmodells" eingesetzt, also schlicht zu wenig auf die Erwartungen und Bedürfnisse der Leute eingegangen, die erreicht werden sollen.

Der britische Kommunikationsberater Lord Watson of Richmond hat gesagt: „Heute erkennen die meisten CEO die Notwendigkeit, mit allen wichtigen an einem Unternehmen interessierten Gruppen (Stakeholder) zu kommunizieren. Ihre Fähigkeiten, dies erfolgreich zu tun, unterscheiden sich jedoch erheblich – die Herausforderung, der sie sich gegenübersehen, wächst ständig" (Watson of Richmond 2002, S. 56).

Die Notwendigkeit, zu überzeugen, zu motivieren und positive Schwingungen zu erzeugen, wird größer. Die Erwartungshaltungen steigen beim Publikum. Der kategorische Imperativ des Medienzeitalters muss lauten: „Kommuniziere so, dass andere anschließen können.“ Ganz abgesehen davon, dass Journalisten immer auf einen zitierbaren „Sager“ warten, also eine Formulierung, die geeignet ist, eine Schlagzeile zu formulieren. Sie sollten – gerade bei Interviews das Ganze im Blick haben und – um den Gedanken Quintilians aufzugreifen, ein Feuer der Leidenschaft entfachen. Eine leblose Sprache gebiert leblose Kommunikationspolitik und kraftloses Reden mündet in kraftlosem Handeln. Wenn Sie also in ein Interview gehen, dann sollten Sie zweierlei vermitteln: Lockerheit und Enthusiasmus. Denn damit können Sie wirklich viele Punkte für Ihr Unternehmen sammeln.

4.3.6 Individuelle Publikationen in Fachmedien

Fachmedien suchen zunehmend nach exklusiven Geschichten. Das gilt ganz besonders für Magazine, die sich mit dem Thema Bauen beschäftigen, von denen es in Europa eine große Anzahl gibt. Alleine unter den Stichworten Architektur sowie Bauwesen finden sich im Zimpel über 400 Medien aufgelistet.[12] Sie alle müssen sich am Markt durch das Besondere abheben. Projektkommunikatoren, die es verstehen, ihre Vorhaben ohne Aufdringlichkeit professionell anzubieten, können dadurch eine hervorragende publizistische Ernte einfahren. Sie tun es leider viel zu selten, wie die beredte Klage des Chefredakteurs der Zeitschrift Architektur belegt (Abschn. 6.1.2).

Besonders Fachmedien suchen zunehmend nach exklusiven Geschichten von Unternehmen, die nur in ihrem Blatt publiziert werden (Abb. 4.6). Manche Redaktionen wenden sich direkt an die wichtigsten Unternehmen der Branche und bitten Sie, zu bestimmten Themen Fachbeiträge abzuliefern. Meistens werden diese Anfragen im Zuge der Jahresplanung der inhaltlichen Schwerpunkte des Fachmagazins gestellt, also im Regelfall mehrere Monate vor dem Erscheinungstermin.

Das hat für das Medium den Vorteil der Planbarkeit. Außerdem ist durch den längeren Vorlauf sichergestellt, dass der Beitrag wirklich fachlich fundiert ist und nur für diesen Zweck verfasst wird. Für das Unternehmen bringt der Fachbeitrag eine sehr umfangreiche und meist auch sehr viel beachtete Berichterstattung. Der Autor selbst – der häufig auch genannt wird – kann mit dieser Veröffentlichung auch etwas für die eigene Reputation tun.

Anders verhält es sich, wenn Sie selbst eine Exklusiv-Story anbieten möchten. Dann müssen Sie Ihre Geschichte gut verkaufen und den Nutzen für das angesprochene Medium herausarbeiten. Gerade bei Fachmedien, aber auch einigen Wirtschaftsmagazinen stoßen Sie dabei meist auf offene Ohren. Der Grund ist ganz einfach: „Diese Medien sind ja daran interessiert, unter ihren Autoren die besten Köpfe zu versammeln, die sich in einer Fachdisziplin bewegen“ (Schulz-Brudoehl und Fürstenau 2008, S. 204).

Eine Möglichkeit, zu testen, ob Medien an einer ausführlichen Information über ein spezielles Thema interessiert sind, ist die Erstellung eines Themenexposés. Darin beschreiben Sie das Thema, das Sie bei Bedarf ausführlicher darstellen würden. Ein Beispiel

[12]www.zimpel-online.de.

Abb. 4.6 Umfangreiche Dokumentation eines Projekts der JBT Architects zum Lückenschluss in Saint Denis der Fachzeitschrift Detail. (Quelle: Detail Architekturzeitschrift, Sonderpublikation 10 Logements collectifs BBC en structure bois, Paris März 2015)

wäre etwa: Ihr Bauvorhaben verfolgt einen speziellen ökologischen Ansatz, der neu oder zumindest außergewöhnlich ist. Das könnten Bauten sein, die mehr Energie erzeugen, als sie verbrauchen oder solche, die vertikal begrünt sind. Gefragt sind auch Detaillösungen, die vielleicht gerade in ein Themenspecial eines Fachmediums passen. Wenn Sie zu Jahresende die Tarife der für Sie wichtigsten Medien durchstöbern, werden Sie auf Themenschwerpunkte stoßen, die für Sie vielleicht interessant sind. Dann scheuen Sie sich nicht, direkt mit der Redaktion Kontakt aufzunehmen und zu fragen, ob Interesse an der Ausarbeitung eines Beitrags besteht.

Sie können die Exposés an die ausgewählten Redaktionen schicken, sehr erfolgreich ist es aber, die Themenvorschläge direkt zu übergeben. Dazu bieten sich geradezu die Medienkontakte bei Messen an. Dort treffen Sie ja in der Regel genau die Fachmedien an, die für Sie besonders interessant sind. Hier liegt der Schwerpunkt Ihrer Aktivität wieder auf dem Verkauf der Geschichte. Wenn Sie darin gut sind, können Sie bemerkenswerte Ergebnisse erzielen.

4.3.7 Bilder lassen Architektur im Gedächtnis bleiben

„Auch wenn die Fotografie die tatsächliche Wirkung von Architektur nicht wiedergeben kann, war und ist sie eine unentbehrliche Komplizin ihrer Vermittlung. Kein Architekturvortrag, keine Werkmonografie, kein analoges oder digitales Architekturmedium, kein Portfolio kommt ohne Bilder aus, ja oft sind sie das Einzige, das von der medial vermittelten Architektur im Gedächtnis bleibt“, schreibt Gabriele Kaiser (2016, S. 1) vom Architekturforum Linz. Gute Fotos sind, das lässt sich aus diesem Zitat herauslesen, für die Vermittlung von Bauprojekten von enormer Bedeutung. In einer alten Journalistenregel heißt es: „Ein Bild sagt mehr als 1000 Worte.“ Vielleicht wiegt ein gutes Architekturfoto sogar weit mehr als dieses Maß an Geschriebenem auf (Abb. 4.7).

Unverständlich ist deshalb das Manko an guten Pressefotos von Bauprojekten. Bei den Recherchen für dieses Buch habe ich dutzende Mediencorner auf Webseiten von Unternehmen durchgesehen, die mit dem Thema Bauen zu tun haben. Was dort an Fotos zu sehen ist, fällt leider oft in die Kategorie „handgestrickt“.

Die Frage nach Inhalt und Ästhetik der Bilder ist zwar eine sehr subjektive. Es gibt ein „breiteres Spektrum fotografischer Interpretation des Gebauten“ (Kaiser 2016, S. 1), der Blick in die zahlreich erscheinenden Architektur- und Bau-Fachmedien zeigt, dass immer noch gezeigt wird, was den Planern wichtig ist, mit fatalen Folgen, wie Gabriele Kaiser meint: „Gemeinsam mit den Bauten, die auf den schnellen Bildeffekt setzten, verloren auch die sie umwerbenden Fotos allmählich ihren Glanz, beinahe so, als hätte die Flut makelloser Bilder in ihrer Tendenz zur Nivellierung mit Erfolg an das Diskriminierungsvermögen der Betrachter appelliert.“ Häufig begegnen einem Architekturfotos von fertiggestellten Projekten als „tote Materie“. Ohne Menschen, häufig nachts mit Festbeleuchtung aller Räume fotografiert, um die „schwarzen Fensterlöcher“ zu kaschieren.

Abb. 4.7 Architekturfotografie sollte immer das Besondere eines Projekts herausarbeiten. (Quelle: Detail Architekturzeitschrift, Sonderpublikation: Neubau Gemeindehaus in Pany)

Ein spezieller Fall sind die Renderings, die häufig an die Stelle der Fotografie treten. Sobald die Planungen abgeschlossen sind, entstehen daraus fotorealistische Visualisierungen, die danach in der Medienarbeit, auf der Website des Bauträgers, der Errichtungsgesellschaft, des Architekten und Projektmanagers, auf Baustellentafeln, in Verkaufsinseraten, Prospekten usw. verwendet werden. Für diese Zwecke reicht der perfekte Illusionismus von Renderings allemal. Da sprießen schon Bäume, die in der Realität nach Fertigstellung des Projekts noch ziemlich mickrig sind, tummeln sich Familien mit Kindern und Hunden in begrünten Parkanlagen.

Gegen diese Ästhetik muss später die Realität und auch die Architekturfotografie ankämpfen. Gabriele Kaiser macht sich über das Nachstellen des Renderings auf Beweisfotos der gebauten Realität lustig:

> Dieses Foto, das unvollkommener als die fotorealistische Visualisierung auszusehen hat, damit es als Realitätsnachweis durchgeht, ist dann der Beleg, dass das täuschend Echte tatsächlich dasteht, und zwar so wie zu Vermarktungszwecken auf dem Rendering behauptet. Da das niemals funktioniert, kommen immer mehr anbiedernde Requisiten zum Einsatz, die den Parallelismus zwischen Visualisierung und Foto verstärken. Selbst der Hund, der schon im Schaubild häusliche Behaglichkeit suggerierte, ist im Foto an der gleichen Stelle platziert. Das Foto interpretiert nicht mehr das Gebaute, sondern bestätigt die Ästhetik des Renderings, das seinerseits auf der Klischeevorstellung eines Fotos beruht (Kaiser 2016, S. 2).

Fotos und Illustrationen werden inzwischen in der Medienarbeit ausschließlich in elektronischer Form zur Verfügung gestellt. Die gängigsten Bildformate sind.tiff und.jpg. „tiff" hat ein höheres Datenvolumen, dafür ist die gesamte Bildinformation vorhanden, was mehr Optionen zur Weiterbearbeitung des Bildes ermöglicht. „jpg"-Fotos sind komprimiert und haben deshalb eine geringere Datengröße. Die Bilder selbst verschicken Sie in Druckqualität (300 dpi = dots per inch). Bei dieser Auflösung – die Sie in jedem Bildbearbeitungsprogramm feststellen können – muss das Foto eine Größe von rund 13 × 18 cm oder größer haben. Dieses Maß war früher – als die Pressefotos noch auf Papier entwickelt wurden – das Standardmaß.

Als Faustregel gilt: Für eine Veröffentlichung in Zeitungen oder Fachzeitschriften reicht es in der Regel aus, wenn die Dateigröße pro Foto rund 1 MB ausmacht. Versenden Sie nie mehr als zwei oder drei Fotos pro Mail. Wenn eine höhere Auflösung erforderlich ist, oder Sie mehrere Fotos anbieten möchten, dann sollten Sie eine Download-Möglichkeit auf Ihrem Pressecorner im Internet anbieten.

Bitte keine Beschränkungen für den Download einbauen. Passwörter oder Anfrageformulare für die Nutzung von Pressebildern sind ein perfektes Instrument der Kommunikationsverhinderung. Kein Journalist tut es sich an, ein Passwort anzufordern und sich das dann auch noch irgendwo für spätere Fälle zu merken, ein Formular auszufüllen und dann zu hoffen, dass sich zu irgendeinem Zeitpunkt jemand meldet, um ein Foto zu schicken.

Ein wichtiger Punkt ist auch die Beschreibung der Fotos. Wenn Sie eine Medienmitteilung versenden, fügen Sie am besten am Schluss die verwendeten Bilder in kleiner Auflösung (damit die Datenmenge des Dokumentes nicht zu groß wird) hinzu und beschreiben neben diesem „Thumbnail", was es auf dem Foto zu sehen gibt. Zur Verwendung von Architekturfotos und Renderings in der Medienarbeit sind einige Hinweise nötig. Zunächst zum Bildtext: Den fügen Sie am vernünftigsten am Ende der jeweiligen Medienmitteilung hinzu. Dort können Sie auch die verwendeten Bilder in kleiner Auflösung (damit die Datenmenge des Dokumentes nicht zu groß wird) abdrucken. Wie das aussehen kann, zeigt das nachfolgende Beispiel eines großen Bauprojekts in Salzburg (Abb. 4.8).

Eine besondere Herausforderung ist es, elektronisch versandte Fotos entsprechend zu kennzeichnen. Jedes Foto braucht einen aussagekräftigen Namen, der in Verbindung mit ihrem Unternehmen steht. Also: Bauprojekt_Ort_Jahr_Fotograf.jpg. Dieses Foto wird dann auch von den Suchmaschinen gefunden.

Wenn Sie das nicht tun, dann gehören Sie vielleicht zu den mehr als 53 Mio. Treffern für foto.jpg oder 12 Mio. Treffern für bild.jpg bei Google. Zusätzlich macht es auch Sinn, beim Abspeichern Hinweise auf das Thema, das Datum und den Fotografen zu geben.

Da Fotos nach dem Versand von den Empfängern in der Regel im Redaktionssystem abgespeichert werden, geht der Konnex zwischen der schriftlichen Medieninformation und der dort enthaltenen Bildunterschrift nebst Urheberrechtshinweis verloren. Um das zu vermeiden, müssen Sie einfach in Ihrem Bildbearbeitungsprogramm die Informationen erfassen, die Ihnen wichtig sind und die urheberrechtlichen Vorschriften abdecken. Wie das aussehen kann, sehen Sie in Abb. 4.9 anhand eines einfachen Beispiels mit einem Handyfoto.

Bei professionellen Pressefotos funktioniert es so:

- Das Bild mit Photoshop Elements öffnen
- Datei > Dateiinformation

Abb. 4.8 Bildunterschriften für ein Projekt mit „Thumbnails" verschaffen einen raschen Überblick. (Quelle: The View²)

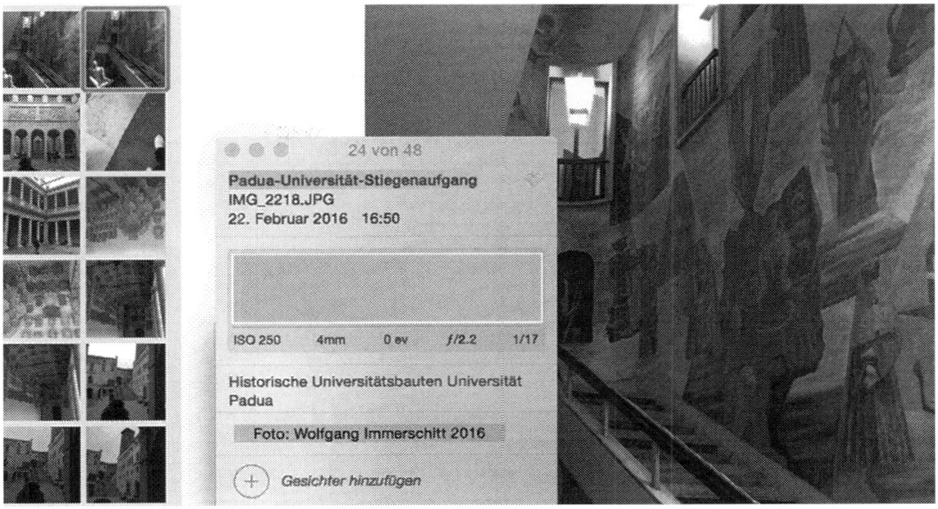

Abb. 4.9 Jedes Foto braucht eine Metabeschreibung, weil sonst wichtige Informationen im Archiv von Redaktionen verloren gehen. (Quelle: Immerschitt)

- Copyright-Informationen ausfüllen > OK
- Datei > Speichern

Ein ganz spezielles und sensibles Thema ist das Urheberrecht von Fotografen. Bände sprechen das Interview mit dem Chefredakteur der österreichischen Zeitschrift Architektur, Walter Laser, sowie ein Schreiben eines (hier nicht namentlich genannten) Verlags, der Rahmenverträge mit Übermittlern von Texten und Bildern abschließt, um offensichtlich überhandnehmende Urheberrechtsprobleme zu vermeiden. Mit diesem Rahmenvertrag sichert sich der Verlag die Garantie des Verfassers, dass er befugt ist, dem Verlag die Nutzungs- und Verwertungsrechte für alle seine Medien einzuräumen sowie dass keine Rechte Dritter verletzt werden.

Was ist der Grund für diese Form der Absicherung? Immer häufiger werden Medien von den Urhebern von Bildern (in selteneren Fällen auch Texten) zur Kasse gebeten, weil sie im guten Glauben Pressefotos verwenden, die ihnen übermittelt wurden. Das Problem ist, dass häufig die Rechtefrage beim Auftraggeber der Fotos nicht geklärt ist.

Um es einfach zu erklären, wo der Haken ist: Wenn Sie ein Shooting für die Medienarbeit mit einem Fotografen vereinbaren und diesen dafür bezahlen, stehen Ihnen nur die Nutzungsrechte zu, die Sie auch tatsächlich vereinbart und damit auch bezahlt haben. Leider herrscht sehr häufig immer noch der Irrglaube, dass mit der Bezahlung einer Rechnung des Fotografen sozusagen auch gleich die Urheberrechte mitgekauft wurden. Diese sind freilich überhaupt nicht käuflich zu erwerben und verbleiben immer im Eigentum des Fotografen.

Die Probleme entstehen zumeist dadurch, dass „Pressefotos“ beauftragt wurden. In dem Fall ist klar: Der Nutzungszweck ist die Publikation in Zeitungen oder Zeitschriften, sie können auch in der Regel für elektronische Medien (Radio oder Fernsehen) genutzt werden. Heute verbreiten die Verlage und die Hörfunkanstalten ihren Content aber längst nicht mehr nur in gedruckter Form, sondern auch als e-Papers, auf ihrer Website, in Newslettern, Apps etc. Damit aber sind die Fotos und Texte quasi weltweit zur Verfügung gestellt. Gegen diese (durch das Honorar in aller Regel nicht abgedeckte) „umfassende Auswertung in sämtlichen Medien“ wehren sich aus durchaus verständlichen Gründen Autoren wie Fotografen.

Was können Sie nun tun, damit Sie als Projektkommunikator keine Probleme bekommen: Vereinbaren sie von vorneherein mit dem Fotografen und allenfalls auch den Autoren eines Beitrags über Ihr Werk, für welche Zwecke Sie das Gelieferte verwenden möchten. Also beispielsweise für die Veröffentlichung in den Print- und Onlineausgaben von Fach- und Publikumsmedien, in deren Newslettern und Eigenwerbung für Medienprodukte des Verlages.

Vielleicht brauchen Sie das Foto oder den Text auch noch für ihre eigene Website, für Imageprospekte, Verkaufsfolder möglicherweise auch noch für eine Baustellentafel, eine Plakatwerbung oder eine Werbeeinschaltung ihres Unternehmens. Wofür auch immer Sie den Einsatz planen: Definieren Sie diesen und vereinbaren Sie mit Ihrem Bild- und Textlieferanten das dafür anfallende Honorar. Wenn diese Frage geklärt ist, empfiehlt sich für Projektkommunikatoren folgende Formulierung – die Sie natürlich an Ihre tatsächlich erworbenen Rechte anpassen müssen.

► Nutzungsrechte: Dieses Pressefoto steht Medien zur Verwendung in deren Printpublikationen, auf deren Website, in Blogs, Newslettern oder Eigenanzeigen etwa zur Bewerbung der jeweiligen Zeitung oder Zeitschrift oder von Onlinepublikationen bei Nennung des Fotocredits kostenlos zur Verfügung. Danach folgt noch der Hinweis: Foto: Ihr Name/Fotograf

Diesen Copyright-Hinweis sollten Sie einerseits auf der Presseinformation unter den Foto-Thumbnails und im Bereich des Fotodownloads auf der Website anführen. Außerdem sollte er auch in die jeweiligen Metadaten der Fotos eingebaut werden. So kann es Ihnen später auch nie passieren, dass ein Foto, das Sie verschickt haben, irgendwo ohne diesen Copyrighthinweis auftaucht. Und wenn doch, können Sie nachweisen, dass das nicht Ihre Schuld war. Die Medien sind im Übrigen verpflichtet, einen Fotohinweis abzudrucken, da sie sich sonst ihrerseits einer Urheberrechtsverletzung schuldig machen.

Wenn die Rechtefrage nicht ordentlich geklärt ist, kann es Ihnen so gehen wie dem Autor, dessen Agentur vor Jahren die Promotion für einen Film über den Opernstar Anna Netrebko übernommen hatte. Auf der dafür vorbereiteten Pressemappe haben wir ein „offizielles“ Foto des Opern-Superstars von deren Website zur Illustration verwendet (in einer für die reichlich anwesenden Medien nicht reproduzierbaren Auflösung). Woran wir nicht gedacht haben: Ein Fernsehsender filmte beim Pressegespräch und verwendete als Zwischenschnitt einen Schwenk über die attraktiv gestaltete Pressemappe über die „Donna Anna“. Wenige Tage später kam eine Rechnung im vierstelligen Bereich für die missbräuchliche Verwendung des Fotos, an dem es keine Rechte für die Verwertung im TV gab.

Wir mussten das damals zähneknirschend bezahlen. Der Fernsehsender wurde im Übrigen mit dem doppelt so hohen Betrag zur Kasse gebeten. Auf die vorherige Rückfrage beim Sender, ob sie das bezahlen würden, kam von der Rechtsabteilung die Antwort: „Selber schuld, unsere Redakteure wissen, dass Sie bei urheberrechtlich geschützten Werken von Fotografen sehr genau aufpassen müssen.“ Also haben wir beide teures Lehrgeld gezahlt, das Sie sich ersparen können.

Wichtig ist auch, dass das „Recht am eigenen Bildnis“ – also der am Foto zu sehenden Personen – geklärt ist. Sobald die abgebildete Person eindeutig erkennbar ist (aufgrund der Haarfarbe, Haltung, Gesicht, etc.) wird eine Zustimmung erforderlich – am besten schriftlich. Werden Personen unter 18 Jahren fotografiert, ist die Zustimmung der Erziehungsberechtigten einzuholen. Stimmt der Abgebildete einer Aufnahme und Veröffentlichung zu, darf der Fotograf das Bild in dem Umfang verwenden, in welchem die Person eingewilligt hat. Als „stillschweigende“ Zustimmung gilt übrigens auch das bewusste in Szene setzen („Posen“). Ob die Veröffentlichung eines Bildes zulässig ist, hängt auch von den Bildunterschriften, Begleittexten und dem Gesamtzusammenhang (Verwendung für Werbezwecke, Preisgabe des Privatlebens, Bloßstellung, etc.) ab. Wird das Einverständnis der abgebildeten Person nicht eingeholt, kann sie die weitere Verwertung des Fotos verbieten, den Fotografen abmahnen (Abmahn-/Anwaltskosten) bzw. im Falle einer Verletzung der Persönlichkeitsrechte des Abgebildeten auch Schmerzensgeld fordern.

Aufgrund der strengen Rechtsprechung wäre die Kunst- und Pressefreiheit stark eingeschränkt. Deshalb sieht das Gesetz die folgenden drei Ausnahmen vor, welche die Veröffentlichung von Personenfotos auch ohne Einwilligung der abgebildeten Person erlauben:

- Bilder von Menschenansammlungen
- Illustrationen aus dem Bereich der Zeitgeschichte
- Fotos, auf denen die Person nur als Beiwerk erscheint

Wenn Sie Menschen im Zusammenhang mit einem Bauvorhaben ins Bild setzen, lassen Sie sich deren Einverständnis schriftlich bestätigen, eine mündliche Einverständniserklärung reicht nicht. In der jüngeren Vergangenheit sind Urteile ergangen, die abgebildeten Personen Entschädigungen zusprachen, die sich ohne ihr Einverständnis in den Medien, im Internet oder in Firmenbroschüren wiederfanden. Das war für die betroffenen Unternehmen am Ende immer sehr teuer.

4.4 Widerhall in den sozialen Netzwerken (Shared Content)

Shared Content – also geteilte Inhalte entstehen in den Social Media und Expertenforen. Die Kanäle, über die Inhalte verbreitet werden können, sind kaum noch überschaubar. Das beginnt natürlich mit XING, Facebook, LinkedIn und Co. Gerade für Bauvorhaben interessant sind auch Fotoplattformen wie Pinterest oder Instagram, als Multiplikatoren gefragt sind auch einschlägige Blogs oder Portale für Videos.

Foren sind deshalb besonders interessant, weil sie Einblicke in die Baubranche bieten, innovative Ansätze diskutieren, Know-how vermitteln und nicht zuletzt Hintergründe ausleuchten und praktische Anwendungsbeispiele liefern.

Eine Frage stellt sich natürlich immer: Warum teilen Menschen Inhalte?

> „People forward, retweet, like or bookmark content because they want to. Because they like to share. Because they think the content deserves it. Not as such but in the relationships with the people they share it with. Does this mean we have no influence whatsoever in what people share? Of course we have. Much more than you think (and depending on the channels as well). But every time it starts with this: relevance and context" (i-scoop 2016).

Demnach gibt es zwei Auslöser für das Teilen von Inhalten: Entweder der gebotene Inhalt ist relevant und verlässlich oder es ist emotional ansprechend oder amüsant. Hier gilt der Grundsatz, der für gute Kommunikation und Werbung generell gilt: „Help me or entertain me".

Bauprojekte können sowohl relevant sein, als auch emotional ansprechend. Ideale Voraussetzungen also, um darauf zu setzen, dass Aktivitäten in sozialen Netzwerken geteilt werden.

Es gibt ungezählte Beispiele, wie Resonanz im Web 2.0 erzeugt werden kann. Dazu nur ein paar Beispiele:

Pinterest

Auf Pinterest gibt es einen eigenen „Kanal", der ausschließlich dem Thema Architektur gewidmet ist. Aufgeteilt sind die Posts auf Hauspläne, Moderne Architektur, Umbauten und Restaurierungen, Urbanes Design und Architekten. Hier werden Fotoreihen über besondere Architektur in verschiedenen Städten und Regionen, Detaillösungen moderner Architektur oder Umbauarbeiten bis hin zu den „magical works" einzelner Architekten gezeigt (https://de.pinterest.com/categories/architecture).

Instagram

Auf Instagram findet sich unter #architektur knapp eine halbe Million Beiträge, die beliebtesten Uploads bringen es auf hohe vierstellige Likes. Wenn dann noch wie auf dem unten abgebildeten Beispiel mit zahlreichen Hashtags gearbeitet wird, ergeben sich automatisch zahlreiche Follower, die das Foto anklicken.

YouTube

Auch auf YouTube spielen die Themen Bauten und Architektur eine riesige Rolle. Unter diesen Begriffen finden sich rund 7000 Videos, die einzelne Werke der Baukunst, Weltklassebauten in einem Schweizer Dorf, Architekturgeschichte oder auch Konstruktionsanleitungen zeigen (https://www.youtube.com/results?sp=SIwB6gMA&q=bauten+und+architektur). Eigene Videos, die über ein Projekt gedreht werden, auf YouTube oder ein anderes Bewegtbildportal (Clipfish, Vimeo …) zu stellen, lohnt sich unter dem Gesichtspunkt des Sharens. Bauinteressierte liken gerne – wenn auch nicht oft –, was ihnen gefällt.

Wie Interessierte durch das Teilen von Inhalten an der Neugestaltung eines städtischen Quartiers mitwirken können, zeigt das Beispiel des Wiener Schwedenplatzes. Ab 2012 konnten Nutzerinnen und Nutzer des im Norden der Ringstraße befindlichen stark frequentierten Platzes ihre Meinung online und vor Ort kundtun. Gesammelt wurden Nutzungen und Qualitäten, die den Menschen an diesem Ort wichtig sind, die ausbaufähig wären, und solche, die aktuell fehlen. In einem Container wurden sechs Konzepte zur Neugestaltung des „grauen Knotenpunktes“ vorgestellt. Vor Ort und per E-Mail konnten Vorschläge und Ideen deponiert werden.[13] Insgesamt beteiligten sich 3000 Personen. Es wurde zwar die Möglichkeit geboten, die Votingmöglichkeiten und den Ideenwettbewerb auf Facebook, Twitter und google+ zu teilen, die Vorschläge selbst durften aber nur bilateral weitergegeben werden, nämlich über eine ganz profane E-Mail. Vermutlich war hier doch so etwas wie die Angst vor der eigenen Courage und einer möglichen Überfrachtung mit sinnlosen Kommentaren gegeben. Die Medien jedenfalls haben die Initiative der Stadt Wien durchwegs wohlwollend aufgenommen (Schilly 2016, S. 11). Inzwischen ist der Wettbewerb, an dem sich 60 Teams beteiligt haben, abgeschlossen, mit dem Bau wird 2018 begonnen.

Informationsverteilung über Social Media- und News-Plattformen

In der Öffentlichkeitsarbeit für Projekte spielen Online-Redakteure eine wichtige Rolle, wobei das nur in zweiter Linie professionelle Journalisten sind. Kommunikation ist heute zu einem guten Teil „crowdsourced“. Neben den professionellen Multiplikatoren in den Redaktionen der Massenmedien werden unternehmerische Botschaften auch von einer Masse an Bloggern, Mitgliedern von Newsgroups oder sozialen Plattformen bestimmt. Das Informationsoligopol einiger weniger Gatekeeper in den klassischen Massenmedien ist verloren gegangen.

Dass die öffentliche Meinungsbildung nicht mehr nach den klassischen Mustern „funktioniert“, irritiert viele Manager ganz erheblich. Ein Beleg dafür ist die Aussage des BIG-Pressesprechers Ernst Eichinger (Abschn. 6.2.1), der es irritierend findet, wenn alle durcheinanderreden. Nur gibt es keine Alternative zur Öffnung gegenüber diesen partizipativen Kommunikationsformen, da sonst die Menschen einfach untereinander sprechen,

[13]https://schwedenplatz.wien.gv.at/site/, abgerufen 11.02.2016.

ganz ohne das Unternehmen. „Und damit geht nicht nur die Kontrolle verloren, sondern obendrein jede Ahnung davon, welches Gerede im Umlauf ist“ (Schulz-Bruhdoel und Brechtel 2009, S. 14).

Links auf die Homepage oder eine bestimmte Landingpage führen Interessenten direkt zum Point of Sale und unterstützen das Ranking in den Suchmaschinen (Backlinks). Mit einer guten Position in den Trefferlisten wird die Pressemitteilung für Journalisten als auch Endkunden auffindbar. Für Unternehmen ist die direkte Zielgruppenansprache eine große Chance, um ihre PR-Ziele erfolgreich umzusetzen und eine positive Reputation im Internet aufzubauen (Lange 2014).

Mitte der Neunzigerjahre entstanden die ersten Services für PR-Kunden zur Verteilung redaktionell unveränderter Medienmitteilungen und Fotos. Inzwischen werden auch Audio- und Videofiles distribuiert. Marktleader im deutschsprachigen Raum ist der Originaltextservice (ots) von dpa und apa. Zu den kostenpflichtigen Presseportalen bzw. Pressediensten[14] zählen die klassischen Presse- und Nachrichtendienste, wie z. B. Reuters, dpa, ddp. Die Medienmitteilungen werden per E-Mail oder über ein Onlineformular an die Portalredaktion geschickt und auf dem Presseportal als Originaltextservice veröffentlicht.

Die Redaktion der Nachrichtenagentur greift hier nicht ein, bisweilen werden aber auch interessante Meldungen zur Weiterrecherche herangezogen und finden dann Eingang in den redaktionellen Teil der Agenturmeldungen. Als OTS (Originaltextservice) geht die vom Unternehmen kostenpflichtig publizierte Medienmitteilung an akkreditierte Redakteure sowie über die entsprechenden News-Streams direkt an die angeschlossenen Medienredaktionen.

Die wichtigsten offenen Presseportale sind – auch wenn sie nicht als solche geführt werden – nach wie vor die Nachrichtenagenturen, also dpa (Deutsche Presse-Agentur), APA (Austria Presse Agentur), Schweizerische Depeschenagentur, Agence France Presse, Associated Press, United Press International Reuters, Bloomberg, The Press Association, ITAR-TASS, Interfax usw. Verbreitet werden über diese Netze ausschließlich journalistisch interessante und für die Nutzer (in erster Linie die Medien) verwendbare redaktionelle Geschichten. Wenn Sie mit einer Unternehmensnachricht in das Redaktionssystem einer Nachrichtenagentur kommen, können Sie davon ausgehen, dass Ihre Geschichte eine gehörige Verbreitung findet.

Die Bedeutung der Nachrichtenagenturen nimmt allerdings in letzter Zeit deutlich ab, weil sich die Informationen über das Internet und die Social Media-Plattformen bisweilen schneller verbreiten als über die Redaktionssysteme der professionellen Nachrichtenagenturen.

[14]kostenpflichtige Presseportale sind z. B.www.presseportal.de (ots), www.pressrelations.de, www.pressetext.de, www.ots.at (Service der APA), www.presseportal.ch,; kostenpflichtige Branchen-Presseportale http://www.pressebox.de (IT und Telekommunikation), www.press1.de (IT und Gesundheit), www.life-pr.de (Lifestyle, Wellness), www.germanpress.de (Touristik); weitere Beispiele finden Sie, wenn Sie bei Google eingeben: kostenpflichtige Presseportale.

Das Internet bietet darüber hinaus viele neue Plattformen zur direkten Veröffentlichung von Medienmitteilungen und Fachartikeln. Die meisten dieser Portale finanzieren sich über Werbung bzw. Google Ads oder auch über zusätzliche, kostenpflichtige Pressedienstleistungen. Die kostenpflichtigen Portale verlangen für das Einstellen von Medienmitteilungen und den Versand an die Medien einen Beitrag in der Größenordnung von bis mehr als 300 EUR. Die große Anzahl an neuen Medien für kostenlose Veröffentlichungen von Medienmitteilungen und Fachbeiträgen bietet auch kleineren Unternehmen die Möglichkeit, von einer sehr günstigen Präsenz im Internet zu profitieren.

Eine Veröffentlichung von Medienmitteilungen und Fachartikeln auf Presseportalen hat zweifelsfrei Vorteile. Jede Veröffentlichung im Internet ist ein Gewinn, um mehr Reichweite zu erzielen. Egal wie klein oder groß das Marketingbudget ist, die Eintragung von Medienmitteilungen auf den kostenlosen Portalen sollte automatisch erfolgen, weil damit eine weitläufige Verlinkung erzielt wird. Damit werden Sie von den Suchmaschinen gut gefunden und Ihre Nachricht entsprechend prominent gereiht. Durch themenrelevante Inhalte und die gute Vernetzung der Portale erreichen die Veröffentlichungen eine hohe Reichweite und eine gute Präsenz in den Suchmaschinen. Sie erreichen mithin Ihre Zielgruppen direkt und ohne den Redaktionsfilter.

Wenn Sie diese Art der kostenlosen PR nutzen möchte, müssen Sie allerdings auch einigen Zeitaufwand betreiben, denn die meisten Portale erfordern zunächst eine Registrierung und auch die Eingabemasken sind sehr unterschiedlich aufgebaut, sodass Sie sich zunächst einmal mit den Usancen vertraut machen müssen, ehe Sie dann loslegen können. Nach mehrmaliger Wiederholung wird aber auch das zur Routine.

Ob die offenen Presseportale auch von Journalisten als erste Quelle herangezogen werden, wage ich mit einigen Ausnahmen zu bezweifeln. Ich empfehle Ihnen auch, Ihre klassischen Medienansprechpartner (insbesondere also Fach- und Wirtschaftsmedien) zuerst zu kontaktieren und erst mit einiger zeitlicher Verzögerung die Internet-Presseportale zu befüllen. Diese selbst auferlegte „Sperrfrist" ist ein Akt der Fairness gegenüber den zwangsläufig langsameren Publikationsformen.

Sie müssen sich nur in die Situation eines Fachredakteurs versetzen, der laufend über Ihr Unternehmen berichtet. Sie schicken ihm ein Mail mit der neuesten Medienmitteilung und parallel dazu schickt ihm Google ein Dutzend Alerts mit genau dieser Information, die in den Presseportalen schon veröffentlicht wurde. In solchen Fällen dürfen Sie sich dann nicht wundern, wenn Ihre Medienmitteilung keine Beachtung findet.

Im Internet wird jedes Unternehmen auch sehr einfach zum Verleger in eigener Sache. Fachinformationen, Referenzprojekte, Bauanleitungen, Gebrauchsanweisungen, ausführliche Produktbeschreibungen, Imagebroschüren oder Geschäftsberichte können hier sehr kostengünstig publiziert und einer breiten interessierten Öffentlichkeit zugänglich gemacht werden, natürlich auch für Journalisten, die Hintergrundinformationen zu einem spezifischen Thema suchen. Zu beachten ist bei Online-Publikationen, dass sie durch Suchmaschinen gefunden werden. Dazu reicht es nicht, ein pdf-File etwa eines gedruckten Geschäftsberichtes auf die Website zu laden, auch wenn Google inzwischen auch pdfs lesen kann. Das Dokument muss über einen unkomplizierten Pfad gefunden werden, die Inhalte (und zwar Kapitelweise) sollten auf der Startseite angeteasert und mit Inhalten und Tabellen verlinkt werden.

4.5 Das Bauprojekt in der Selbstdarstellung (Owned Content)

Eigener Content kann auf unterschiedlichste Weise geschaffen werden. Dazu zählen insbesondere alle Formen der interaktiven Auseinandersetzungen mit den Fragen der verschiedenen Stakeholder. Das kann von der ganz einfachen Bürger-Hotline über die Rückfrage-Mailadresse auf der Webseite, Informationsveranstaltungen bis hin zu Nachbarschaftsbeiräten reichen.

Zur Vorstellung eines Bauprojekts sind heute nicht mehr unbedingt die klassischen Medien notwendig. Es ist zwar blasser Unfug, zu behaupten, dass das Internet die „Zentralmacht der Information" (Schulz-Bruhdoel und Bechtel 2009, S. 124) sei. Richtig ist freilich, dass in der Projektkommunikation das Internet und die Sozialen Medien eine bedeutende Rolle spielen. Für die Selbstdarstellung On- und Offline kommen vor allem vier wirksame Instrumente infrage, um die eigenen Botschaften zu transportieren:

- Die Projekt-Website
- Social Media- und News-Plattformen
- Veranstaltungen
- Gedruckte Projektinformationen

4.5.1 Die Projektwebsite als Kommunikationsdrehscheibe

Die Recherche nach Informationen findet heute fast immer zuerst im Internet statt. Deshalb ist es wichtig, dass Sie als Verleger in Sachen Ihres eigenen Bauprojekts relevanten Inhalt schaffen und mit Ihren Informationen von den Suchmaschinen gefunden werden. Ihre Informationen müssen deshalb gut gelistet und indiziert sein.

Die zentrale Informationsdrehscheibe zwischen der Projektkommunikation und den verschiedenen Stakeholdern bei Bauprojekten ist die Website. Jedes größere Bauvorhaben sollte eine eigene Landingpage haben, auf der sich Interessenten informieren können. Eigene Landingpages gibt es selten und wenn doch, sind sie eher statisch und bieten allenfalls eine Newsrubrik oder eine Webcam, die über den aktuellen Stand des Projektes informieren.

Der Schweizer Projektmanager Herbert Imbach bringt es auf den Punkt:

> Damit eine Website zu einem effizienten Kommunikationsmittel wird, müssen die Menschen dahinter spürbar sein. Laufend neue Inhalte in Form von Texten, Interviews, Portraits, Fotos, Infografiken und Videos dokumentieren den Fortschritt des Projektes. Gleichzeitig ermöglicht die Seite einen Dialog, indem sie Beteiligte und Interessierte dazu aufruft, sich einzubringen (Imbach 2015, S. 3).

Parallel zum Projekt verändern sich die aktuellen Inhalte und die Aufhänger der Startseite. Dabei sind Fotos und insbesondere Videos mit Abstand die erfolgreichsten Medien im Internet.

Wenn keine eigene Website geplant oder finanzierbar ist (was häufig als Argument für Untätigkeit vorgeschützt wird), sollte es zumindest eine zentrale Servicestelle, einen „One-stop-shop" für Interessenten geben. Diese Online-Anlaufstelle ist wichtig, weil sie signalisiert, dass die Projektbetreiber den Dialog suchen. Die Website soll alle relevanten Themen aufgreifen und auch interaktiv sein. Ob eigene Projektwebsite oder eine Subsite des Projektmanagements, der Bauherren oder -trägers: Es sollte dort einen Newsroom geben, der die Schaltzentrale für Informationen und Social Media ist (Immerschitt 2010, S. 129 ff.).

Hier greift ganz besonders das Konzept der integrierten Kommunikation: Alle Kanäle werden in einem Projekt-Newsroom gebündelt. Er übernimmt Distributionsaufgaben in der Online-PR, verbindet Social Media Kanäle, die von der Projektkommunikation inhaltlich gemanagt werden und dient als Schnittstelle zu den Stakeholdern. Der Mediencorner muss auch so etwas wie eine zentrale Servicestelle, der „One-stop-shop" für Journalisten sein. Er könnte aber auch Quelle für tiefer gehende Recherchen sein. Ich verwende hier bewusst den Konjunktiv, weil auf diese Möglichkeit in der Projektkommunikation derzeit noch viel zu wenig Bedacht genommen wird.

Ein paar Voraussetzungen sollten neben aktuellem, offenem und multimedial aufbereitetem Content selbstverständlich sein:

- Falls Fragen auftauchen, findet sich ein kompetenter Ansprechpartner, der per Mail oder Telefon erreichbar ist. Die Kontaktperson(en) werden in Wort und Bild vorgestellt. Diese Personen sind gut erreichbar und die Reaktionszeiten sind kurz.
- Es gibt eine Pressemappe bzw. eine ausführliche Projektbeschreibung im Newsbereich mit den wichtigsten Informationen zum Bauvorhaben.
- Der Mediencorner enthält aktuelle Medienmitteilungen und ein Archiv der wichtigsten Meldungen, die chronologisch geordnet sind (die jüngste steht ganz oben).
- Thumbnails, also daumennagelgroße Fotos und ein Inhaltsverzeichnis geben einen Überblick über das vorhandene Fotoarchiv. Die Thumbnails können durch Anklicken vergrößert werden. Die Fotos sind als Service für Medien in verschiedenen Auflösungen für den Druck oder für Onlinepublikationen verfügbar.
- Zu den Fotos gibt es eine Beschreibung, mit der klar wird, was oder wer zu sehen ist, einen Hinweis auf den Fotografen, (Quellen- oder Urheberangabe) auf die Größe und das Entstehungsdatum des Fotos. Diese Informationen sind als Metatags auch mit den Bildern abgespeichert, sodass Nutzer den Urheber nennen können.

4.5.2 Stakeholder mit Newslettern am Laufenden halten

In jedem Bauprojekt gibt es intern und extern eine Reihe von Stakeholdern, die daran interessiert sind, über alle Neuerungen beim Bauprojekt auf dem Laufenden gehalten zu werden.

Auf der Landing Page – also der Projekt-Website – sollte deshalb auch die Möglichkeit geboten werden, einen Newsletter zu abonnieren (und auch wieder abzubestellen). Sie können auf diese Weise mit vergleichsweise geringen Kosten – da die Kosten für den Druck und den Versand wegfallen – laufende Informationen relativ zeitnah verteilen.

Bei der Gestaltung und dem Versand von Newslettern sind einige Regeln zu beachten, um einen entsprechenden Erfolg zu erzielen. Zunächst zu den wichtigsten formalen Voraussetzungen: Ehe Sie einen Newsletter versenden, müssen Sie das Einverständnis des Empfängers einholen. Beim „Confirmed Opt-in" erhält der Eintragende nach dem Bestellen eines Newsletter-Abonnements (das Sie auf der Projektwebsite, in Anzeigen, Advertorials, bei Veranstaltungen, in Ihrer e-Mail Signatur usw. anbieten können) eine E-Mail zugeschickt, in der er auf das soeben getätigte Abonnement hingewiesen wird. Sollte der Inhaber der E-Mail-Adresse das Abonnement nicht abgeschlossen haben, so erhält er mit der E-Mail Kenntnis davon, dass sich seine E-Mail-Adresse in einem Newsletter-Verteiler befindet und kann das Abonnement wieder beenden. Es muss deshalb auch eine einfache Abbestellmöglichkeit geben.

Am Markt gibt es inzwischen eine Vielzahl an verschiedenen Newslettertools[15], die einerseits kostengünstig bis gratis verfügbar sind, andererseits einen unschätzbaren Vorteil haben: Diese Tools ermöglichen es, dass Sie nachvollziehen können, wer von den Abonnenten wirklich Ihre News liest und woran sie besonderes Interesse haben. Daraus können Sie etwa ablesen, wer besonderes Interesse an Ihrem Projekt hat und welche Inhalte besonders interessant sind für die Adressaten. Aufgrund dieser Informationen können Sie dann entsprechend an Ihrer Informationsstrategie feilen. Der Newsletter ist damit sozusagen ein Werkzeug mit einer Feedback-Funktion und kann Ihnen damit auch als eine Art Marktforschungsinstrument dienen.

4.5.3 Corporate Publishing signalisiert Qualität

Unter Corporate Publishing werden von Unternehmen selbst verlegte Printprodukte wie Kundenzeitschriften oder Mitarbeiterzeitungen verstanden. Durch die Vernetzung aller Publikationen (off- und online) ist Corporate Publishing ein wichtiges Instrument des Customer Relationship Managements.

Bei Bauprojekten können Corporate Publishing Produkte unterschiedliche Stakeholder ansprechen. In erster Linie werden sie allerdings unter Aspekten des Verkaufs der Immobilie produziert. Immobilienentwickler werden dann zu Verlegern, wenn mit den Printprodukten ein Beitrag zur Markenführung geleistet werden kann, wie das bei Kundenmagazinen der Fall ist und wenn damit die Informationsbedürfnisse von Shareholdern gedeckt werden können. Gut geschriebene und gestaltete eigene Medien gelten auch heute noch als Aushängeschild jedes Unternehmens.

[15]Eine Bewertung finden Sie unter http://www.emailtooltester.com/newsletter-tools/, Abgerufen 26.11.2016.

Leider wird zumeist aus Kostengründen auf ein klares Qualitätsstatement verzichtet, das mit einem Informationsmagazin verbunden ist oder zumindest sein sollte. Wenn man sieht, wie lieblos mancher Verkaufsprospekt nach „Schema F" zusammengestellt wird, überkommt einen das Gefühl, dass sich in manchen Märkten Immobilien ganz von selbst verkaufen und es deshalb gleichgültig ist, wie schlecht gemacht die Verkaufsunterlage ist.

Warum nicht mehr hochwertige Druckwerke auf den Markt gebracht werden, hat natürlich auch etwas mit den relativ hohen Kosten für Redaktion, Gestaltung, Druck und vor allem Vertrieb zu tun. Die haben in den letzten Jahren generell für Rückgänge bei Unternehmenspublikationen gesorgt. Dennoch sind Betriebe in Deutschland trotz aller Rückgänge Großverleger: geschätzte 3000 bis 4000 Titel und eine Gesamtauflage von über 450 Mio. sprechen für sich. Laut Wikipedia liegt der Umsatz der Branche, die diese Medien im Auftrag der Unternehmen herstellt, bei rund 5,8 Mrd. EUR, wobei die Hälfte davon auf Onlinepublikationen entfällt (Wikipedia 2016a).

Dabei sind edle Druckwerke und die dazugehörigen ansprechend gestalteten Projekt-Webseiten ein klares Statement: Wenn Sie beispielsweise ein Wohnbauprojekt mit exklusiven Appartements anpreisen möchten und einen Stand auf europäischen Immobilien-Leitmessen an der Cote d'Azur, in München, Dortmund oder Wien planen, macht das edle Druckwerk Sinn, ebenso zur Präsentation Ihres neuen Flagship-Stores, Ihrer neu errichteten Firmenzentrale oder eines Einkaufszentrums für Luxusprodukte.

Die eigenen Publikationen sind auch ein wesentlicher Bestandteil der Medienarbeit geworden, da natürlich auch die Journalisten gern in gut geschriebenen Publikationen lesen und recherchieren. Bisweilen werden sie ja auch selbst eingeladen, Beiträge dazu zu schreiben, was wiederum durchaus ein strategisch eingesetztes Mittel sein kann, um die Verbindung zwischen den Beteiligten auszubauen. Ein solches „Zwitterwesen" zwischen eigener Publikation und Advertorial bieten immer häufiger Architekturzeitschriften an, die in eigener journalistischer Verantwortung einem größeren Bauvorhaben widmen, wofür der Auftraggeber bezahlt, die redaktionelle Ausrichtung aber nicht zu hundert Prozent bestimmen kann. Gute Beispiele liefern die Schweizer Fachmedien (siehe dazu das Interview mit Axel Simon in Abschn. 6.1.1.).

Die Schweizer Fachzeitschrift publiziert Themenhefte, die bezahlt sind, also „paid content" darstellen, auch wenn sich die Redaktion vorbehält, ein Produkt zu erzeugen, hinter dem die Redaktion auch stehen kann. In Abb. 4.10 das Beispiel einer Klinik in Chur.

Ein schönes Beispiel, wie sich ein Unternehmen, das sich mit dem Thema Bauen auseinandersetzt, qualitätsvoll präsentiert, ist das Magazin BIG Business der Bundesimmobiliengesellschaft. Mit einer Auflage von 17.000 Exemplaren erscheint das Hochglanzmagazin „BIG Business" zweimal jährlich (Abb. 4.11). Es informiert auf gut 60 Seiten über aktuelle sowie zukünftige Themen des Konzerns, der für die Republik Österreich Bauprojekte umsetzt. Das Magazin gibt es auch online nachzulesen unter: http://www.big.at/news-presse/big-business/.

Abb. 4.10 Themenheft über einen Klinikbau in Chur in der renommierten Schweizer Fachzeitschrift Hochparterre. (Quelle: Hochparterre, Themenheft: „Das werdende Spital", Oktober 2015)

Abb. 4.11 Das Magazin BIG Business dokumentiert aktuelle Projekte der Baugesellschaft der Republik Österreich. (Quelle: BIG Business)

Ein anderes gutes Beispiel ist „Yours Berlin".[16] Hier wird ein Quartier mit acht Gebäudeteilen und insgesamt 161 Wohnungen sehr attraktiv aufgemacht vorgestellt. Ein anderes Beispiel ist das „View Book"[17], in dem ein Zweitwohnungsprojekt am Gaisberg mit Blick auf die Mozartstadt Salzburg gezeigt wird.

Der Leser erwartet umsetzbare, unmittelbar verwendbare Tipps und Informationen. Dabei wächst der Informationsbedarf der Kunden mit der Höhe der Kaufsumme. Was übrigens für alle Investitionsgüter gilt. Je bedeutsamer eine Anschaffung ist – egal ob

[16]http://www.yours.berlin/pdf/brosch%C3%BCre.pdf.

[17]http://www.view2salzburg.at/.

von Unternehmen oder Privatpersonen – desto größer ist der Aufwand, der betrieben wird, um sich einen Überblick über das Angebot zu verschaffen. Kundenmagazine können hier ein Mosaikstein sein. Dieses Argument spräche eigentlich ganz vehement für Publikationen über Bauprojekte.

Durch die Vernetzung aller Publikationen (off- und online) stellt Corporate Publishing ein wichtiges Instrument des Customer Relationship Managements dar. Das gedruckte Magazin kann auch als PDF oder als „blätterbarer Katalog" auf der Projekt-Website zum Download oder einfach zum Durchblättern bereitgestellt werden. Inzwischen ist es fast schon Standard, dass es eine starke Verlinkung zwischen Print- und Internet-Magazinen gibt, wobei online Zusatzfeatures wie eingebundene Videos, weiterführende Links und interaktive Elemente angeboten werden können.

4.5.4 Informationspavillon als Ort für Einblicke und Auskünfte

Gerne werfen Passanten einen Blick auf eine Baustelle. Davon zeugen Gucklöcher in Bauzäunen oder Aussichtsplattformen, die den Blick über die Beplankungen zulassen und gerne von „Spottern" genutzt werden. Oft werden bei großen Bauvorhaben auch aufwendige Informationspavillons eingerichtet. Sie bieten die Möglichkeit, einen Blick von oben auf das Bauprojekt zu werfen oder auch Informationen bei den Projektmanagern in Sprechstunden einzuholen, auf Probleme hinzuweisen oder einfach auch, um einmal Dampf abzulassen.

Die Ausführung derartiger Informationspavillons ist ganz unterschiedlich. In Hamburg etwa stand am Jungfernstieg eine dem Aufbau einer U-Bahn-Röhre nachempfundene Infostation, in der sich die Besucher anhand von Fotos, Plänen und auch interaktiven Videos über den Neubau der U4 informieren konnten.

Auf dem Gelände der jahrelang aufgelassenen ehemaligen Sternbrauerei in der Salzburger Altstadt wurde vom Immobilienentwickler Asset One auf einem 20.000 m^2 großen Brachland ein Wohn- und Büroprojekt errichtet. 18 internationale Architekturbüros hatten 2006 ihre Projekte für diesen sensiblen Bauplatz unweit der Kernzone des Unesco Weltkulturerbes eingereicht. Gewonnen haben den Wettbewerb die New Yorker Architektinnen Gisue und Mojgan Hariri. Trotz allen Lobes gab es heftige Diskussionen, die zum Teil auch in dem während der Bauphase genutzten Baubüros auf Stelzen geführt wurden (Abb. 4.12).

Ein weithin bekanntes Beispiel für eine Bau-Informationszentrale ist die Humboldt-Box in Berlin (Wikipedia 2016b). Das 2011 eröffnete zeitweilige Ausstellungsgebäude am Berliner Schlossplatz gab während des Wiederaufbaus des Stadtschlosses und der Installation des Humboldtforums Aus- und Einblicke in die Geschichte des Ortes und dessen museale Zukunftskonzeption. Über 100.000 Besucher besuchten jährlich das Gebäude mit Aussichtsterrassen und Dachrestaurant, das mit 28 m Höhe auf einer Fläche von 3000 m^2 einen hervorragenden Überblick über die rasch in die Höhe wachsende Baustelle bot. Nach Fertigstellung – voraussichtlich im Jahr 2019 – soll die Humboldt-Box wieder abgebaut werden.

Abb. 4.12 Das Baubüro für die Hariri-Bauten auf den Salzburger Sternbräugründen. (Quelle: plenos – Agentur für Kommunikation)

Die genannten Beispiele sind eher die Ausnahme als die Norm. Aber sie können eine Anregung dafür sein, wie ein Bauwerk in der Zeit der Errichtung gleichzeitig inszeniert und fokussiert kommuniziert werden kann. Eine Nummer kleiner bietet sich auch an, die Baustellenbeplankung als großflächige Informationsfläche zu nutzen, wie das etwa die Bundeshauptstadt Berlin unmittelbar vor dem roten Rathaus hervorragend zeigt (Abb. 4.13).

4.5.5 Veranstaltungen

Bei Bauvorhaben gibt es im Grunde drei Anlässe, einen Event mit Publikumsbeteiligung zu organisieren: Bei der Grundsteinlegung, beim Richtfest und schließlich bei der Übergabe des fertigen Gebäudes an die künftigen Nutzer. Dabei sind zwei Vorfragen zu klären: An wen soll sich die Veranstaltung richten und was soll damit erreicht werden?

Bei Grundsteinlegung und Richtfest werden wohl in erster Linie interne Stakeholder angesprochen, wobei bei größeren Vorhaben durchaus auch daran gedacht werden kann, die Medien einzuladen und den Anlass dazu zu nutzen, das Projekt im Detail vorzustellen. Wenn Medien dabei sind oder nachträglich mit Informationen versorgt werden sollen, zahlt es sich aus, ein wenig über das Bildarrangement nachzudenken.

Hier lohnt sich ein Blick auf die in den Suchmaschinen zu Tausenden abgebildeten Ereignisse anlässlich des Griffs zum Spaten. Meist sind die Anschauungsbeispiele aus der Kategorie ideenlos bis kontraproduktiv. Besonders lustig sind die fein säuberlich aufgereihten Manager in Anzug und Krawatte mit Helm auf dem Kopf, vielleicht noch

Abb. 4.13 Baustellenbeplankungen können als Informationsmedium genutzt werden – wie das Beispiel Berlin zeigt. (Quelle: Meiling)

angereichert um einige Damen im Kostüm in High Heels. Vor sich ein Häufchen Sand, in das es mit dem Spaten zu stechen gilt. Die derart Schaffenden müssen schon sehr berühmt sein, dass sie den Weg in die Zeitung finden.

Wenn Sie selbst an ein solches Event denken, entwickeln Sie bitte etwas Kreativität und lassen Sie vor allem nicht aus dem Auge, dass Sie mit dem Bild, das Sie hier vermitteln, auch etwas über das Bauvorhaben selbst aussagen möchten. Also versuchen Sie das Umfeld mit zu inszenieren, sei es auf einer großen Baustellentafel oder durch eine Aufnahme, die so arrangiert ist, dass das Umfeld noch mit ins Bild gesetzt wird. Grundsätzlich kann der Spatenstich ja auch einmal ganz anderes inszeniert werden, als Grundsteinlegung inklusive Einmauern einer Botschaft für die Nachkommen oder als Einsetzen eines Ziegelsteines in die erste Mauer.

Ideen gibt es viele, sie sollen vor allem mit den künftigen Nutzern zusammenhängen. Die Inszenierung für einen Kindergarten kann sehr bunt und fröhlich ausfallen, ein Industrieneubau lässt sich auch nutzen, um die dort hergestellten Produkte in Szene zu setzen, bei einem Krankenhaus kann es eine schöne „Fete Blanche" mit Ärzten und KrankenpflegerInnen geben. Denken Sie ruhig einmal ein wenig „schräg". Es schreibt Ihnen ja niemand vor, dass Sie beim Baubeginn einen Spaten in die Hand nehmen müssen. Und wenn, dann kann damit auch eine Botschaft verbunden sein: Bei Spatenstich für das Rapid-Stadion wurde grüner Sand (der österreichische Rekordmeister hat grün als Vereinsfarbe) zutage befördert.

Anders ist das beim Richtfest (oder der Gleichenfeier in Österreich bzw. der Aufrichte in der Schweiz). Hier haben wir es mit einer schönen Tradition zu tun, die auf das 14. Jahrhundert zurückgeht, viel mit der damaligen Zunftordnung zu tun hat und in ihrer ganzen Emotionalität vor allem für die Bauherren nicht verändert werden sollte. Das ist auch eher ein Fest für die Baubeteiligten und als solches sollte es auch inszeniert werden. Allenfalls kann ein spektakuläres Bild von der Befestigung des Richtbaumes oder -kranzes den Weg in die Lokalmedien finden. Vergessen Sie auch nicht, das Ereignis im Video festzuhalten. Später werden sich die Beteiligten gerne daran zurückerinnern.

Ab dem Richtfest kann auch über Baustellenführungen nachgedacht werden, wie sie beispielgebend beim Neubau des Berliner Schlosses angeboten wurden. Obwohl kostenpflichtig, waren die Termine 2016 sehr rasch ausgebucht.

Natürlich gilt es bei derartigen Angeboten vieles zu bedenken. Da sind die Sicherheitsthemen, weshalb Sicherheitsschuhe, Warnwesten und Helme bereitgestellt werden müssen, die fehlende Barrierefreiheit, die beeinträchtigten Personen den Zugang nicht möglich macht und die Beschränkung auf einen kleinen – überschaubaren – Kreis von Personen (Abb. 4.14).

Für Interessenten, spätere Bewohner oder Betreiber von Geschäften oder auch Nachbarn eines Bauvorhabens ist der Gang über das halb fertige Bauwerk offensichtlich höchst spannend. Ein kleiner Event auf der Baustelle kann durchaus auch verkaufsfördernd wirken, wie der Autor selbst bei einem regionalen Einkaufstempel erlebte. Als dieses regionale Versorgungszentrum Richtfest feierte, wurden mögliche Shoppartner an einem Freitagabend zur Baustellenparty geladen. Eine große Halle wurde dekoriert. Stehtische mit Hussen wurden aufgestellt, die Besucher erhielten Fingerfood

Abb. 4.14 Vorbildliche Besucherinformation im Humboldt-Forum in Berlin mit Blick auf den Neubau des Stadtschlosses. (Quelle: Immerschitt)

und Getränke. Livemusik und kurze Informationen über das Projekt rundeten einen gelungenen Abend ab, der sich als sehr verkaufsfördernd herausstellte, weil durch das Erlebnis vor Ort erst richtig klar wurde, welche Dimensionen das EKZ bekommen würde. Kerzen auf den Tischen und Deckenfluter, die den Raum in ein angenehmes Licht tauchten, sorgten für zusätzliche Stimmung, die wohl keiner der Besucher vorher erwartet hatte.

Den großen Auftritt hat jedes Bauvorhaben nach seiner Fertigstellung. Jeder Bauherr zeigt dann gerne her, was er mit seinem Kapital geschaffen hat. Es wird kaum jemanden geben, der nicht stolz wäre auf das, was da aus Holz, Beton oder Ziegelsteinen entstanden ist. Das gilt für Politiker, die das mit Steuergeldern errichten ließen und sich später auf bronzenen Tafeln im Eingangsbereich als Bauherren feiern lassen ebenso wie für den Unternehmer, der mit dem erwirtschafteten Cashflow ein Geschäft, eine Wohnanlage oder eine Fabrik in Auftrag gegeben hat.

Ein solcher Eröffnungsevent gibt die Gelegenheit der Positionierung. Einerseits durch das Gebäude selbst, andererseits aber auch durch das Fest, das deswegen veranstaltet wird. Hier bietet sich die Gelegenheit, den künftigen Benutzern zu zeigen, was ihnen geboten wird, den Baubeteiligten Danke zu sagen und der Öffentlichkeit das Werk zu zeigen, für das frei nach Friedrich Schiller von der Stirne Heiß viel Schweiß geronnen ist. Wesentlich ist, dass dieses Abschlussfest wirklich alle Stakeholder umfasst, die im Fokus gestanden haben. So gehört es beispielsweise zu einer guten Nachbarschaft, dass diese die Gelegenheit zum Besuch erhält.

Zu guter Letzt gilt es noch einmal auf die eingangs erstellte Liste der wichtigsten Stakeholder zu werfen, um niemanden zu vergessen. Jedes Bauwerk hat eine andere Verwendung, weshalb kaum ein Fest dem anderen gleichen will. Einen Ausspruch sollten Sie sich aber zu Herzen nehmen: „What ever you do, do it first class or don't do it." Will heißen: Machen Sie kein halbherziges Eröffnungsfest, das kostet auch Geld und bringt nichts, außer vielleicht eine hämische Nachrede.

Es muss ja nicht gerade ein so aufwendiges Opening sein, wie das des Salzburger Europameisterschaftsstadion, das der Autor mit seinem Team eröffnen durfte. Hier ging es damals darum, die noch mit einem Kunstrasen versehene Arena in ihrer ganzen Nutzungsvielfalt vorzustellen. Die besondere Herausforderung war, dass das gesamte Rahmenprogramm während eines Bundesligaspiels in einem voll besetzten Haus untergebracht werden musste. Insgesamt haben wir damals über 800 Mitwirkende choreografiert, dirigiert und mit Zwischenmahlzeiten motiviert. Der Breitensport von den Ringern über die Turner bis zu den Rhönradgymnastikern hatte einen großen Auftritt. KTM-Stuntbiker sorgten mit ihren Maschinen für spektakuläre Sprünge über die Tore, Brauchtumsgruppen marschierten ein, musizierten und weckten mit ihren schnalzenden Peitschen die Sportgeister. Die Landeshymne wurde von einem Opernsänger live gesungen, DJ Ötzi performte seine größten Hits.

Der Ball für das erste Bundesligaspiel in der heutigen Spielstätte von Red Bull Salzburg kam aus der Luft. Der spätere Stratosphärenspringer Felix Baumgartner brachte ihn schon damals standesgemäß per Fallschirm punktgenau auf den Mittelkreis, wo die

Politprominenz und die Skistars Hermann Maier und Österreichs Jahrhundertsportlerin Annemarie Moser-Pröll den Anstoß zum ersten Spiel vornahmen. Zu guter Letzt gab es dann noch als Highlight ein riesiges Feuerwerk.

Wie gesagt: Nicht jedes Eröffnungsfest hat diese Dimension, aber die Gelegenheit zum Feiern sollten Sie auf keinen Fall ungenutzt vorübergehen lassen. Ehe Sie freilich loslegen mit der Planung, denken Sie auf jeden Fall daran, dass Sie die Behörden informieren müssen. Die veranstaltungspolizeilichen Regelungen unterscheiden sich von Land zu Land, überall gilt aber, dass öffentlich zugängliche Feste ab einer bestimmten Dimension angemeldet werden müssen.

Das, was der Freistaat Bayern für die Anmeldung vorschreibt,[18] gilt dem Grund nach in ähnlicher Form im gesamten deutschsprachigen Raum: „Wenn Sie eine öffentliche Vergnügung veranstalten wollen, müssen Sie dies der Gemeinde unter Angabe der Art, des Orts und der Zeit der Veranstaltung und der Zahl der zuzulassenden Teilnehmer spätestens eine Woche vorher schriftlich anzeigen." Die jeweilige Standortgemeinde gibt über die genauen Bestimmungen gerne Auskunft.

Literatur

Bogner, Franz M. 1990. *Das neue PR-Denken.* Wien: Redline.

Bürger, Joachim. 1986. *Wie sage ich's der Presse.* Landsberg am Lech: MI Verlag.

Eck, Klaus. 2013. Blogger-Relations: Wie Unternehmen begehrte Blogger erreichen. http://pr-blogger.de/2013/11/07/blogger-relations-wie-unternehmen-begehrte-blogger-erreichen/. Zugegriffen: 22. Okt. 2016.

Eisenegger, Mark. 2008. Blogomanie und Blogophobie – Organisationskommunikation im Sog technizistischer Argumentationen. In *Organisationskommunikation online. Grundlagen, Praxis, Empirie,* Hrsg. Caja Thimm und Stefan Wehmeier. Frankfurt a. M.: Lang

Freitag, Matthias. 2016. *Kommunikation im Projektmanagement Aufgabenfelder und Funktionen der Projektkommunikation.* :Wiesbaden: Springer Fachmedien.

Geisel, Anika. 2012. Blogger Relations – Neue Kommunikationsdisziplin oder Business as usual? http://pr-blogger.de/2012/05/31/blogger-relations-—neue-kommunikationsdisziplin-oder-business-as-usual/.

Imbach, Herbert. 2015. Baukommunikation: Pflicht und Kür. http://www.projectconsult.ch/2015/03/24/baukommunikation-pflicht-und-kuer/. Zugegriffen: 22. Jan. 2016.

Immerschitt, Wolfgang. 2010. *Crossmediale Pressearbeit Unternehmensbotschaften über klassische und neue Kanäle gekonnt platzieren.* Wiesbaden: Gabler.

i-scoop. 2016. http://www.i-scoop.eu/content-sharing-content-people-share/. Zugegriffen: 1. Sept. 2016.

Kaiser, Gabriele. 2016. Nützliche Bilder. *Achitektur und Bauforum* 3:1–2.

Kotler Philip, Gary Armstong, John Saunders, und Veronica Wong. 1999. *Grundlagen des Marketing,* 2. überarb. Aufl. München: Prentice Hall.

[18]http://www.freistaat.bayern/dokumente/leistung/228990347208?plz=82061&behoerde=50774739.655&gemeinde=631413541.666, abgerufen am 20. März 2016.

Lange, Mirko. 2014. Die 8 Hebel des strategischen Content Marketings, 24.10.2014. http://www.talkabout.de/infografik-die-acht-hebel-der-content-kontrolle/. Zugegriffen: 3. März 2017.

Plenos. 2016. http://plenos.at/de/news-presse/pressemeldungen/action/2/1/internorm-pr%C3%A4miert-architekturl%C3%B6sungen. Zugegriffen: 25. Aug. 2016.

Rizzo, Sabrina. 2015. Das PESO-Modell: Schnee von gestern? http://ikm-hslu.ch/ikm-blog/2015/09/24/das-peso-modell-schnee-von-gestern-13/. Zugegriffen: 1. Sept. 2016.

Rota, Franco P. 1990. *PR- und Medienarbeit im Unternehmen.* München: Beck.

Schilly, Julia. 2016. Ideenoffensive gegen die Betonwüste. *Der Standard,* 9. Februar.

Schlotterer. 2015. Basispressemappe der Firma Schlotterer. www.schlotterer.at/itrfile/_1_/.../Pressemappe%20Schlotterer%202015.pdf. Zugegriffen: 25. Aug. 2016.

Schneider, Wolf. 2006. *Wörter waschen – 26 gute Gründe, politischen Begriffen zu misstrauen,* 225. Reinbek: Rowohlt.

Schulz-Bruhdoel, Norbert, und Katja Fürstenau. 2008. *Die PR- und Pressefibel,* 4. überarbeitete Aufl. Frankfurt.

Schulz-Bruhdoel, Norbert, und Michael Bechtel. 2009. *Medienarbeit 2.0. Cross-Media-Lösungen. Das Praxisbuch für PR und Journalismus von morgen.* Frankfurt a. M.: Frankfurter Allgemeine Buch.

Spiegler, Almuth. 2016. Die neue Tate Modern gehört den Frauen. *Die Presse,* 16. June, 25.

Steiner Gruppe. (2016). http://www.steiner.ch/mediencorner.html. Zugegriffen: 24. Aug. 2016.

Watson of Richmond, Alan. 2002. Die Rolle führender Unternehmensrepräsentanten in der Kommunikationslandschaft des 21. Jahrhunderts. In *Der Stakeholder-Kompass,* Hrsg. Bodo Kirf und Lothar Rolk. Frankfurt a. M.: Frankfurter Allgemeine Buch.

Wikipedia. 2015. https://de.wikipedia.org/wiki/Advertorial. Zugegriffen: 6. Dez. 2015.

Wikipedia. 2016a. https://de.wikipedia.org/wiki/Corporate_Media. Zugegriffen: 28. März 2016.

Wikipedia. 2016b. https://de.wikipedia.org/wiki/Humboldt-Box. Zugegriffen: 7. Febr. 2016.

5 Vorsorgemaßnahmen gegen mögliche Krisen

Bei vielen Bauprojekten kommt es zu Problemen, die sich bisweilen zu Krisen entwickeln. Die Ursachen sind vielfältig und wurden größtenteils bereits angesprochen. „Individuelle Beweggründe und Persönlichkeiten, die teaminterne Gruppendynamik und die besondere organisatorische Situation sowie Zielkonflikte und Versuche der Einflussnahme durch Stakeholder bilden in Projektsystemen ein permanentes Spannungsfeld" (Freitag 2016, S. 398).

Wir haben uns um die Definition der zu informierenden Stakeholder ja bereits im Rahmen der Konzeption unseres Kommunikationsplans Gedanken gemacht. Dabei sollte auch bereits mitbedacht worden sein, welche Bedeutung die jeweiligen Gruppierungen für das Projekt haben. Die zwei wichtigsten Kriterien, die die Auswahl im Hinblick auf kritische Situationen leiten, sind die Verletzlichkeit des Projekts und das Einflusspotenzial einzelner Gruppen. Wenn von Anfang an auf die Interessen der Stakeholder eingegangen und der Kontakt zu ihnen gesucht wird, dient das dem Aufbau von Beziehungen und Vertrauen zwischen den Interessensgruppen, den Medien und dem Projektmanagement (Riecken 2008, S. 27).

Bei Bauvorhaben gilt es, von Anfang an offen für mögliche kritische Themen zu sein (Immerschiff 2016, S. 32–35). Nur offene Augen und Ohren können Konflikte frühzeitig erkennen. Dafür gibt es eine Reihe von Indikatoren, die beobachtet werden müssen. Ein paar Kontrollfragen genügen hier meist: Wer hat welche Betroffenheit oder Bedürfnisse in dem Projekt, welche davon werden nicht berücksichtigt?

Besonders genau gilt es hinzuhören, wer sich wie beispielsweise bei Informationsveranstaltungen für künftige Nachbarn des Bauvorhabens artikuliert, welche Positionen politische Parteien in der Diskussionen über das Projekt einnehmen, oder wie sich Multiplikatoren äußern. Werden hier bestimmte Eskalationsstufen überschritten, sind entsprechende aktive Kommunikationsmaßnahmen einzuleiten.

W. Immerschitt, *Kommunikationsmanagement von Bauprojekten*,
DOI 10.1007/978-3-658-13096-1_5

Themen, die für das Projekt kritisch sind, können neben der teilnehmenden Beobachtung von Informationsveranstaltungen und dem genauen Zuhören bei persönlichen Interventionen durch Medienbeobachtung und aktive Nutzung der Social-Media-Plattformen eruiert werden. „Um mögliche Konflikte in einem Projektierungs- oder Bauprozess frühzeitig zu erkennen, müssen die Projektverantwortlichen mit den verschiedenen Anspruchsgruppen in Kontakt stehen. Diese Offenheit braucht Engagement und manchmal Mut" (Schweizer Gemeinde 2012). Je früher auf kritische Gegenpositionen eingegangen wird, desto besser stehen die Chancen, das Bedenken ausgeräumt werden können. Zumindest kann ein permanentes Aufschaukeln verhindert werden.

Die Praxis zeigt, dass andere Meinungen oft erst dadurch, dass sie nicht ernst genommen werden, zu wirklichen Blockaden werden. Anlieger und politische oder private Interessenvertreter wollen in einen baulichen Veränderungsprozess einbezogen werden. Wenn der Eindruck entsteht, dass über ihre Köpfe hinweg entschieden wird, helfen auch gute Argumente nicht mehr. „Diese Problematik stellt Bauherren vor die wichtige Aufgabe, ihre Ziele und Pläne rechtzeitig zu kommunizieren und Interessengruppen aktiv in ein Projekt einzubeziehen" (Imbach 2009).

Die perfekte Projektkommunikation schafft es, Probleme erst gar nicht aus dem Ruder laufen zu lassen (Immerschitt 2015). Das erfordert entsprechende Vorbereitung und vor allem auch Training für Kommunikatoren und Mitarbeiter des Projektmanagements und der -kommunikation.[1]

Kommunikationsmanagement in außergewöhnlichen Situationen ist ein viel diskutiertes, dokumentiertes und beschriebenes Thema. Davon zeugen 27 Mio. Suchmaschineneinträge. Dennoch gilt auch heute noch die schon vor Jahren gewonnene Erkenntnis, dass es viele Organisationen nicht davon abhält, sich mangelhaft darauf vorzubereiten (Mast 2008, S. 98). Ein paar Denkmuster, die davon abhalten, sich ordentlich vorzubereiten, hat der ehemalige Grazer TU-Professor Hans Lechner so formuliert:

> „Diskussionen über Risiken demotivieren!
> Ängste ziehen Unglück und Probleme an!
> Denken Sie: … wird schon nicht so schlimm werden…!
> Sagen Sie sich: wird schon alles gut gehen…!
> Wozu haben die eine Norm für Risikomanagement geschrieben?
> Wenn es eng wird, machen Sie weiter wie bisher!"
> Und schließlich sollten keinesfalls Strukturfehler und grundsätzliche Probleme gelöst werden, denn: „Der wahre Held zerschlägt den Knoten einfach."
> (Lechner 2015, S. 10).

Die beste Form der Krisenbewältigung wäre eigentlich, sie erst gar nicht akut werden zu lassen.

[1]Mit dem Themenfeld dieses Kapitels beschäftigt sich ausführlich Immerschitt 2015.

Die vier Basiskriterien einer erfolgreichen Krisenprävention sind:

- **Beobachten:** Wer nicht weiß, was um ein Projekt herum vorgeht, kann auch nicht rechtzeitig reagieren. Die Methode für die systematische Umfeldanalyse ist Issue Management.
- **Analysieren:** Die beobachteten exogenen und endogenen Phänomene müssen auf die Auswirkungen hin überprüft werden. Daraus sind die richtigen Schlüsse zu ziehen und die Verfahren und Abläufe zu definieren. Das Instrument dafür ist das Krisenhandbuch.
- **Trainieren:** Keine Krise ist wie die andere. Es gibt aber immer wiederkehrende Muster, auf die man sich durch Übung einstellen kann.
- **Informieren:** Laufende Kommunikation nach innen und außen ist die beste Vorbereitung auf außergewöhnliche Ereignisse. So werden Beziehungsnetzwerke geknüpft, Vertrauen aufgebaut und Verfahren standardisiert.

Krisen in Bauprojekten entstehen indigen oder endogen, also in der Projektgruppe selbst oder durch äußere Einflüsse. Wenn interne Konflikte zu eskalieren drohen, was offenbar immer häufiger der Fall ist, kann ein externer Moderator helfen, der gemeinsam mit den Konfliktparteien eine Lösung entwickelt. Funktioniert das nicht, können Vermittler oder Mediatoren der Ausweg sein. Sie versuchen, die unterschiedlichen Sichtweisen zu einem eigenständigen Lösungsvorschlag zu verknüpfen und für dessen Umsetzung zu werben. Idealerweise wird das von allen Beteiligten angenommene Ergebnis in einem Vertrag fixiert.

Die meisten Krisen sind – empirisch betrachtet – hausgemacht, werden also durch falsche Unternehmenspolitik ausgelöst. Das gilt auch für Bauprojekte, die sich plötzlich in die Kritik geraten. Lorenz Steinke hat dafür ein sehr schönes Bild geschaffen: „Nicht selten steht der Riese, der vom Mediengewitter umgeworfen wird, schon seit Längerem auf tönernen Füßen. Doch nachdem Warnungen intern vorher ungehört verhallten, sind der von außen und das damit verbundene Medienecho nur der letzte Anlass für das Öffentlich werden der Krise“ (Steinke 2014, S. 46). Kommunikative Überforderung in Krisensituationen „basiert zu einem erheblichen Teil auf einer fehlenden kontinuierlichen und systematischen Beobachtung der Organisationsumwelt, d. h. vor allem auf nicht vorhandenen oder nicht funktionierenden strategischen Frühaufklärungssystemen in der Unternehmenskommunikation“ (Röttger und Preusse 2009, S. 159).

Die Themenidentifikation erfolgt auf zwei Ebenen:

Durch das Beschwerdemanagement und durch die Beobachtung der (sozialen) Medien. Es gibt – vereinfacht formuliert – zwei Arten von Unternehmen. Solche, in denen die Mitarbeiter gewohnt sind, dass Verantwortung von jedem Einzelnen wahrgenommen werden muss und solche, in denen nach dem Prinzip „Wissen ist Macht“ vom Management agiert wird. Im ersten Fall kommt es bisweilen vor, dass negative Signale nicht rechtzeitig im Instanzenzug weitergeleitet werden, im zweiten Fall wird alles bis zum Topmanagement transportiert, was dort zu einem Informations-Overload führt.

Beides kann dazu führen, dass latente Krisen nicht erkannt werden. Deshalb macht es Sinn, bei Bauprojekten, bei denen ja eine Mehrzahl an Unternehmen und deren -kulturen aufeinandertreffen, Verständigungsketten für außergewöhnliche Wahrnehmungen im internen oder externen Umfeld zu definieren, zu kommunizieren und zu leben.

Um in kritischen Situationen einen kühlen Kopf zu bewahren, wäre es hilfreich, wenn ein Krisenhandbuch vorliegt. Dabei handelt es sich um ein betriebliches Regelwerk, das als Orientierungshilfe für die Handhabung von möglicherweise eintretenden Krisen dient. „Ziel eines solchen Notfallplans ist die Sicherstellung eines koordinierten und reibungslosen Ablaufs bei der Krisenbewältigung. Der Krisenplan ermöglicht eine zeitlich verkürzte Bewertung der Lage, eine schnelle Entscheidungsfindung und – damit verbunden – eine frühere Einflussnahme auf den Krisenverlauf“ (Dreyer und Rütt 2008, S. 73).

Dem Autor ist bewusst, dass dies bei Bauprojekten so gut wie nie der Fall ist. Der Grund liegt auf der Hand: Projekte sind auf eine bestimmte Zeit ausgerichtet. Wenn Kommunikationsmanagement überhaupt strategisch angedacht wird, dann für den „Normalfall“, jedoch nie für krisenhafte Konfliktsituationen. Deshalb werden Projektkommunikatoren bei Bauvorhaben – so sie überhaupt institutionalisiert sind – fast immer am falschen Fuß erwischt, was dazu führt, dass die „Schrecksekunde“ sich auf eine gefühlte Ewigkeit ausdehnt und Gegner leichtes Spiel haben, ein Bauvorhaben in Misskredit zu bringen.

Was ist die Lösung?

In Unternehmen, die Krisenprävention strukturiert angehen, liegen im Regelfall Handbücher vor, in denen beschrieben wird, was im Fall des Falles zu tun ist. Dazu gehört auch, dass ein Krisenstab festgelegt wird, der sich um die Bewältigung der Situation zu kümmern hat. Die verantwortliche Projektkommunikation bei Bauprojekten sollte ein solches Manual am Beginn eines Bauvorhabens vorlegen; wenn etwa beim Auftraggeber ein Krisenhandbuch vorliegt, kann daran ja „angedockt“ werden. Dann kann das Projekthandbuch ein einfach gehaltenes Papier sein, das absichert, dass das Krisenteam in die Lage versetzt ist, Probleme zeitgerecht zu erkennen, professionell zu behandeln und zu lösen.

Nach außen muss festgelegt werden, wer als Sprecher auftritt, wobei möglichst nur eine Person sprechen soll („Kommunikationsmonopol“). Ob das das Projektmanagement, der Bauherr oder die Projektkommunikation macht, spielt keine Rolle. Wesentlich ist, dass der Sprecher mit dem nötigen Können ausgestattet ist.

Im Zuge der Recherchen für dieses Buch habe ich leider häufig erfahren oder zumindest eine Ahnung davon bekommen, wie schlecht auch große Bauunternehmen mit dem Thema umgehen. Bisweilen entsteht der Eindruck, dass die hauptsächliche Aufgabe der Kommunikationsverantwortlichen darin besteht, Sarkophage über das Gebaute zu errichten, um ja nicht offen den Dialog suchen zu müssen. Als ehemaliger Journalist kann ich den Ärger nachempfinden, den ein Medienvertreter verspürt, wenn er Antworten auf Fragen sucht und nicht einmal einen Ansprechpartner auf der Website findet. Ein „Pressesprecher“, der nicht einmal als Ansprechpartner erscheinen darf, wird als völlig irrelevant desavouiert oder wirkt – noch schlimmer – selbst an der Demontage seines Standings bei Journalisten mit.

Geschriebene Krisenhandbücher allein stellen noch keine Lösung dar, sind aber schon ein wichtiger Schritt. Was geschrieben steht, muss auch trainiert werden: „Die Wahrscheinlichkeit, dass die Kommunikation außer Kontrolle gerät, wird durch eine sorgfältige Vorbereitung verringert. Dazu trägt allein das durch die Vorbereitung gewonnene Sicherheitsgefühl bei: Das Management fixiert die Krisensymptome nicht mehr tatenlos, sondern hat Spielraum zur kreativen Bewältigung der Situation" (Mast 2006, S. 414). Geschwindigkeit spielt eine wichtige Rolle: Jedes Kommunikationsvakuum, das Sie hinterlassen, wird gefüllt. Das Grundgesetz der effizienten Krisenkommunikation lautet: „schnell sein, konsistent und ohne Widersprüche mit einer Stimme sprechen und möglichst offen" (Mast 2008, S. 99).

Überall dort, wo es öffentlich-rechtliche Bauherren gibt, gibt es auch Krisenhandbücher und entsprechende personelle Strukturen. Was nichts daran ändert, dass immer die gleichen Probleme dadurch selbst herbeigeführt werden, dass zunächst die Baukosten zu niedrig angegeben werden, um ein Vorhaben durch die Instanzen zu bringen. Wenn dann die Kosten deutlich höher sind, muss die Krisenkommunikation greifen.

Literatur

Dreyer, Axel, und Klaus Rütt. 2008. ‚Im Zeichen des Tsunami' – Touristisches Ereignis- und Krisenmanagement bei der TUI. In *Krisenmanagement in der Praxis Von erfolgreichen Krisenmanagern lernen,* Hrsg. Frank Roselieb und Marion Dreher, 57–82. Berlin: Schmidt.

Freitag, Matthias. 2016. *Kommunikation im Projektmanagement. Aufgabenfelder und Funktionen der Projektkommunikation*. Wiesbaden: Springer Fachmedien.

Imbach, Herbert. 2009. Kommunikation als Erfolgsfaktor im Bauprozess. http://www.projectconsult.ch/2009/07/15/kommunikation-als-erfolgsfaktor-im-bauprozess/. Zugegriffen: 26. Nov. 2016.

Immerschitt, Wolfgang. 2015. *Aktive Krisenkommunikation. Erste Hilfe für Management und Krisenstab*. Wiesbaden: Gabler.

Immerschitt, Wolfgang. 2016. Krisenprävention – Vorbereitungstipps für abrupte Veränderungen. *Die Mediation. Fachmagazin für Wirtschaft, Familie, Kultur und Verwaltung* 32–35.

Lechner, Hans. 2015. *Wie Sie mit Sicherheit Ihr Projekt versenken oder auch nicht. Frequently Asked Questions (FAQ) zur Arbeit in Bauprojekten*. Graz: Verlag der technischen Universität.

Mast, Claudia. 2006. *Unternehmenskommunikation. Ein Leitfaden,* 2. Aufl. Stuttgart: UTB.

Mast, Claudia. 2008. *ABC des Journalismus: Ein Handbuch*. München: UVK.

Riecken, Martin. 2008. Zwölf Faktoren erfolgreicher Medienarbeit in Krisensituationen. In *Krisenmanagement in der Mediengesellschaft,* Hrsg. Tobias Nolting und Ansgar Thießen, 205–217. Wiesbaden: Springer VS.

Röttger, Ulrike, Joachim Preusse, und Jana Schmitt. 2009. Anforderungen und Ansprüche von Fachjournalisten an Onlinepressebereiche. *prmagazin* 2009 (1): 62.

Schweizer, Gemeinde. 2012. Artikel erschienen in Schweizer Gemeinde 2012(6): 44 f. http://www.chgemeinden.ch/wAssets/docs/fachartikel/deutsch/organisation/2012/12_06-Information2.pdf. Zugegriffen: 28. Nov. 2015.

Steinke, Lorenz. 2014. *Kommunizieren in der Krise. Nachhaltige PR-Werkzeuge für schwierige Zeiten*. Wiesbaden: Springer Gabler.

6 Ansichten und Einsichten von Experten

„Es kann mich doch schließlich keiner daran hindern, alle Tage klüger zu werden." Dieser wunderbare Satz wird Konrad Adenauer zugeschrieben. Täglich klüger wird man nur, wenn man sich mit seinem Umfeld auseinandersetzt und vor allem anderen Menschen zuhört, die etwas zu sagen haben. In diesem Sinne habe ich Fachleute aus den unterschiedlichsten Disziplinen rund um das Thema Bauen nach ihren Ansichten und Einsichten befragt.

Ich habe kluge Menschen gefunden aus dem Bereich der Architekturkritik und der Fachmedien, Projektmanager, Repräsentanten von Bauunternehmen wie auch von Auftraggebern. Sie alle haben ihre Erfahrungen eingebracht, sich kritisch über manche Fehlleistung in der Projektkommunikation geäußert, aber auch viele gute Beispiele für dieses Buch beigesteuert. Jeder der abgedruckten Beiträge bringt andere Aspekte ein, die lohnen, in Betracht gezogen zu werden.

W. Immerschitt, *Kommunikationsmanagement von Bauprojekten*,
DOI 10.1007/978-3-658-13096-1_6

6.1 Architekturkritiker und -journalisten

6.1.1 Axel Simon: Vorsichtskultur der Schweiz führt zu Partizipationsverfahren

(Quelle: Simon)

Die Kommunikations- und Entscheidungskultur in der Schweiz ist eine grundsätzlich andere als die in Deutschland oder Österreich. Axel Simon[1], der bei der in Zürich erscheinenden Zeitschrift „Hochparterre" über Architektur schreibt, ist überzeugt davon, dass das Entscheidungsumfeld Bauträger und Wohnbaugenossenschaften gezwungen hat, sich in Sachen Kommunikation zu professionalisieren. Dies gilt im Übrigen nicht nur für öffentliche Bauprojekte, sondern auch für private.

Über Bauvorhaben der Kommunen oder Kantone muss der Letztentscheid grundsätzlich durch das Stimmvolk erfolgen, bei Firmen- oder Wohngebäuden gibt es zwar keine Abstimmung, aber die Möglichkeit des Rekurses. Nachbarn oder Verbände können Einspruch erheben. Dieser Umstand und die allgemein bei den Eidgenossen gegebene „Vorsichtskultur gegenüber allem Neuen" bringt eine hohe Wahrscheinlichkeit mit sich, dass ein Projekt gekippt werden kann, wenn die Kommunikation nicht entsprechend gestaltet wird. Deswegen sind Bauträger bedacht, so früh und so gut wie möglich zu kommunizieren, um solche Rekurse zu vermeiden. „Das wird natürlich einmal besser und einmal schlechter gemacht, Projektkommunikation ist jedenfalls fast immer Teil von größeren Projekten."

Beispiele Zürich West und Kalkbreite

Bei der Umgestaltung ganzer Stadtquartiere läuft inzwischen fast immer ein moderierter Prozess ab, der manchmal Jahre vorher schon anläuft. In diesem Prozess werden die Bedingungen für das Entwicklungsprojekt ausgehandelt, erst dann startet der eigentliche Planungsprozess. Begonnen wurde mit dieser Form der kooperativen Verfahren in

[1]Axel Simon, Redakteur Architektur Hochparterre, Zeitschrift für Architektur, Planung und Design Zürich, Interview geführt am 09.02.2016.

den 1990er Jahren mit dem Projekt Zürich West (Wikipedia 2016). Nach der Absiedlung von Industriebetrieben eröffneten sich dort Entwicklungsmöglichkeiten innerhalb der Stadt, die das Amt für Städtebau konkret zur Diskussion gestellt hat. Einige der alten Backsteingebäude und Fabrikhallen wurden einbezogen. Dies geschah beispielsweise beim Umbau der Schiffbauhalle in ein multifunktionales Gebäude mit mehreren Theaterbühnen des Schauspielhauses Zürich, dem Jazz- und Musikclub Moods, Gastronomiebetrieben und Wohnungen. Auch das Einkaufszentrum Puls 5 hat in der Haupthalle den industriellen Flair durch Beibehaltung der Stahlkonstruktion erhalten. Das Projekt des Amtes für Städtebau ist eng mit der Schweizer Architektin Regula Lüscher verbunden. Ihr Wirken im Rahmen des Projekts am Westend der Alpenmetropole wurde über die Grenzen Zürichs hinaus positiv wahrgenommen. Deshalb wurde Lüscher 2007 als Senatsbaudirektorin nach Berlin geholt.

Ein anderes Bespiel für einen intensiven Diskussionsprozess ist die Wohn- und Gewerbesiedlung Kalkbreite in Zürich. Hier wurde schon seit 1975 mit der Überbauung der zentral gelegenen Straßenbahn-Abstellanlage geliebäugelt. 2007 wurde dann nach langem Partizipationsprozess das Baurecht dafür vergeben. „Entstehen sollte ein neuer städtischer Knotenpunkt nach hohen ökologischen und sozialen Maßstäben" (Müller Sigrist 2016).

Wenn beizeiten diskutiert wird, kann das auch gegen spätere negative Abstimmungen immunisieren. Wie es nicht funktioniert, hat der geplante Neubau des Kongresshauses am Zürichsee gezeigt. Dafür sollte das historische Gebäude aus den 1930er Jahren weichen. Den Wettbewerb hatte der renommierte spanische Architekt José Rafael Moneo Vallés gewonnen, gegen den sich seine Berufskollegen stellten, die sich für den Erhalt des der Schweizer Moderne zuzurechnenden Gebäudes stark machten. Letztlich gelang es, das Stimmvolk zu mobilisieren, das sich gegen die Genehmigung des Planungs- und Baukredits aussprach. „Hier hätte eine bessere Kommunikation eine Lösung finden könnten", ist Axel Simon überzeugt.

Nur wenige nutzen die Bühne der Öffentlichkeit

Architektur hat bei den Eidgenossen einen hohen Stellenwert. Das zeigt auch die große Rolle des Wettbewerbswesens, und zwar nicht nur bei öffentlichen Auftragswesen. Die Kommunen schreiben auch privaten Bauträgern vor, sich mehrere Planer zu suchen. Generell sind Architekten nicht diejenigen, die die Vorgaben der Stadtbildkommission umsetzen müssen. Dabei zeigt sich, erzählt der Fachjournalist für Architektur, dass Architekten zwar professionell bei der Präsentation ihrer Projekte vor Jurys sind, sich dann aber in der Öffentlichkeit nicht inszenieren können. Natürlich gilt auch hier die Ausnahme von der Regel, wofür Simon das Beispiel des größten Hochhauses der Schweiz – den Roche Tower in Basel – gebaut vom Pharmakonzern Hoffmann-La Roche nennt. Die Architekten gaben dabei neben dem CEO des Pharmariesen, Severin Schwan, eine souveräne Vorstellung. „Allerdings tun Jacques Herzog und Pierre de Meuron rund um den Globus nichts anderes, als sich und ihre Werke zu präsentieren. Der 'normale' Architekt hat das nicht gelernt, kann nur sachlich argumentieren und neigt eher zu Unverständnis, wenn von ihm ein Auftritt vor breitem Publikum verlangt wird."

Fachmedien werden zwar häufiger mit Informationen bedient, wobei Axel Simon bis zu einem gewissen Grad Unverständnis gegenüber kritischer Berichterstattung ortet. Die Kommunikation erfolgt meist schriftlich über Medienmitteilungen bisweilen gibt es auch Einladungen zu Pressegesprächen. Eine schöne Einrichtung in der Schweiz ist es, dass sich die Architekten untereinander meistens an Samstagen zu Besichtigungen fertiggestellter Projekte einladen und Freunde und Kollegen mit Bier und Würstel versorgen. Das ist aber eher ein Beispiel für interne Kommunikation in der Bau-Community und nicht nach außen gerichtet.

Ästhetik versus Funktion und Nutzen

Das Feld bei größeren Events wird meist anderen – insbesondere Politikern – überlassen. Mit – aus der Sicht des Architekturjournalisten – fatalen Folgen für die Planer: Komplexe Dinge wie Ästhetik eines Gebäudes werden dann kaum noch thematisiert. Und wenn schon Formensprache, dann geht es um Funktion und Nutzen von Gebäuden, darum, wie es sich in das Umfeld einfügt.

Ein wachsendes Thema wird in der größten Stadt der Schweiz die Nachhaltigkeit beim Bauen. Zürich hat sich für die 2000-Watt-Gesellschaft[2] entschieden und setzt deshalb strenge Maßstäbe an Bauwerke, deren Erreichbarkeit mit öffentlichen Verkehrsmitteln und vieles mehr an. Über die Erfüllung dieser Auflagen sprechen Bauträger und Politiker gerne, Architekten – hat Simon beobachtet – weniger. Projektkommunikation bietet also noch viele Facetten, die darzustellen wären.

6.1.2 Walter Laser: Exklusivität als Türöffner für Fachmedien

(Quelle: Laser)

Gut gemachte Medienarbeit war immer schon dialogorientiert, sie verlangt nach ständigem Kontakt mit den relevanten Journalisten. Das setzt voraus, dass Kommunikatoren ihre wichtigsten Rezipienten, nämlich die Redakteure der Key-Medien kennen und auch

[2]http://www.2000watt.ch/, abgerufen am 1. März 2016.

die Produkte, die sie herstellen. Genau daran scheitert es aber sehr häufig in der Projektkommunikation. Die Verlagsgruppe von Walter Laser[3] publiziert jedes Jahr an die 200 Projekte, da ist Exklusivität ein ganz wesentliches Argument. Zunächst für denjenigen, der die Story überbringt und dann auch und nicht zuletzt für den, der sie publiziert. Diese Form der Exklusivität ist besonders bei Fachmedien von größter Bedeutung, müssen sie sich doch jedes Mal wieder aufs Neue bei ihren Lesern mit gut bebilderten und erzählten Geschichten positionieren. Einige international tätige Büros haben verstanden, was Fachmedien benötigen: Auf Anfragen kommt binnen einer halben Stunde eine Antwort und angefragte Bilddaten werden in kürzester Zeit übermittelt.

Das ist aber eher die Ausnahme als die Regel. Architekturbüros sind nur selten von sich aus Lieferanten brauchbarer Informationen, beklagt Chefredakteur Laser: „Für Architekten ist Marketing ein böses Wort. Nur wenige Büros kümmern sich wirklich um die Öffentlichkeitsarbeit und die haben dann auch immer einen Verantwortlichen dafür." Dabei wäre es ganz einfach: Eine kurze Anfrage beim bevorzugten Fachverlag, ob ein bestimmtes Projekt interessant sein könnte. Dazu einige Fakten und schon ist der Kontakt hergestellt. Alles Weitere ergibt sich dann aus der Übermittlung einer Basis-Presseinformation nebst Datenblatt, Gesprächen und der Übermittlung von Plänen und Bildern.

Projektkommunikatoren, die diesen Weg in die Fachmedien nicht suchen, vergeben damit eine Chance, sich bei potenziellen Auftraggebern zu positionieren. Vielfach fehle es einfach auch am Wissen um die publizistischen Grundlagen, die in der universitären Ausbildung auch nie vermittelt wird. „Wir haben schon vor Jahren ein Datenerfassungsblatt kreiert, mit dem wir wichtige Basisinformationen abfragen", schildert Walter Laser sein tägliches Publizistenbrot.

Faktenblatt und honorarfreie Pressefotos

Diese Faktenabfrage ist unter anderem auch daraus entstanden, weil selbst grundlegende Werte wie umbauter Raum oder Quadratmeter Nutzfläche nicht bekannt gegeben werden. Und noch schlimmer, Architekten lassen oft für viel Geld Fotos ihrer Werke anfertigen und vergessen dann komplett, sich auch die Rechte für Medienveröffentlichungen zu sichern. Die Konsequenz: „Wenn ein Fotograf dann vom Medium für den Abdruck 200 Euro verlangt, ist die Geschichte auch schon wieder gestorben."

Der Laser-Verlag publiziert mehrere Spezialmagazine – etwa über Hotelprojekte – und greift auch internationale Leuchtturmprojekte heraus. International ist die Affinität von Architekten und Projektmanagern aber nicht viel besser als in der Alpenrepublik. Als kontraproduktiv beurteilt Laser die Produktion von Massenware durch PR-Agenturen. Er stellt dazu eine rhetorische Frage: „Was soll ich mit einer Massensendung anfangen? Bedient wird hier nur noch das Breitenpublikum, auf Special Interest Magazine wird nicht eingegangen."

[3] Walter Laser, Chefredakteur Architektur (Laser Verlag Perchtoldsdorf bei Wien), Interview geführt am 9. Februar 2016.

Vom Feuilleton zur Vermittlung von Nutzen

Bauunternehmen oder Haustechniklieferanten sind im Übrigen dem Thema gegenüber nicht zugänglicher. Auch sie neigen dazu, auf Mundpropaganda zu setzen und nutzen die mediale Verbreitung von Botschaften nicht. „Hier gibt es gar keine Linie," resümiert Walter Laser. Einige Wenige melden sich mit Medieninformationen, aber auch nur dann, wenn eine Eröffnungsfeier ansteht. Dabei hätten einige dieser Gewerke längst die Größe erreicht, um über die Landesgrenzen hinaus aktiv zu werden.

Um diesen Betrieben eine Plattform zu schaffen, hat sich der österreichische Fachverlag in einigen der Magazine von der Vermittlung der puren architektonischen Schönheit verabschiedet. Im Heft Planungshilfe etwa werden optisch nicht zwingend ansprechende, dafür aber funktionell optimierte Bauten vorgestellt, die neue Technologien etwa in Sachen Umweltauflagen, Brandschutz oder auch so ausgefallene Themen wie Wasserbautechnik aufgreifen (Abb. 6.1). „Wir wollen damit weg vom Optischen hin zum Nutzen." Auch hier sieht Laser noch ein weites Feld für Projektkommunikatoren. Die verzichten nämlich in der Regel völlig auf Nutzenargumente. „Was spart man sich, wenn alternative Energiequellen eingesetzt werden?" Diese Frage wird ebenso wenig beantwortet wie die nach den Kosten dafür.

Vielleicht hängt der fehlende Zugang zur Informationsvermittlung auch mit der Berichterstattung in den Wochenendausgaben der Tageszeitungen zusammen: „Die Publikumsmedien

Origineller Hüttenzauber

Abb. 6.1 Artikel von Walter Laser über den Mountain Club Hendlfischerei in Leogang in der Zeitschrift HotelStyle. (Quelle: hotelstyle Febr. 2016)

berichten über Bauten wie über Kunstwerke, positionieren Architekten wie Maler oder Bildhauer.“ Bauvorhaben finden ihren Platz im Feuilleton. Möglicherweise fühlen sich bodenständige Bauleute hier weniger zu Hause. Die mangelnde Kommunikationsneigung beschränkt sich im Übrigen längst nicht auf die klassische Medienarbeit allein, beobachtet Chefredakteur Laser. Auch Online ist die Vermittlung von Inhalten unterbelichtet. Selbst bestehende Referenzen werden so dargestellt, dass man sie im Netz nicht findet. Brauchbare Websites über einzelne Bauvorhaben gebe es so gut wie gar nicht, meint er: „Die am Bau beteiligten Architekten und Freiberufler erkennen den Vorteil nicht, obwohl sie einen unmittelbaren Nutzen daraus ziehen könnten.“

6.1.3 Jakob Schoof: Visuelles entscheidet über Berichterstattung

(Quelle: Schoof)

Das Institut für Internationale Architektur-Dokumentation in München ist Herausgeber der renommierten Fachzeitschrift Detail. 2009 schwappte über Europa beim Bauen die „grüne Welle“. Damals hat der Verlag den Karlsruher Jakob Schoof nach München geholt, und ihm die Leitung der Redaktion von „Detail Green“ zu übertragen[4]. Zuvor war er nach dem Architekturstudium an der Technischen Universität Karlsruhe Redakteur der AIT in Leinfelden-Echterdingen bei Stuttgart.

Obwohl er sich nun in erster Linie um Bauten mit einem ökologischen Ansatz kümmert, gilt auch für sein Medium, dass die Entscheidung darüber, ob ein Projekt überhaupt in die engere Auswahl kommt, die Qualität der Fotos ist. „Die Schnittstelle zwischen Konstruktion und Ästhetik muss stimmen und die muss sich über die übermittelten Bilder erschließen“, erklärt Schoof. Hier sind seiner Meinung nach die Architekten besonders gefordert. Die Wahrscheinlichkeit der Berichterstattung steigt, wenn es beispielsweise eine Digitalbroschüre gibt, in der mit Plänen, Erläuterungen und einer

[4]Dipl.-Ing. Jakob Schoof, (Leitender Redakteur Detail Green), Interview geführt am 30. Juni 2016.

Mixtur aus Übersichts- und Detailbildern das erläutert wird, was das Besondere am vorgestellten Bau ist.

Beispiele für gelungene Broschüren

Ein gutes Beispiel dafür ist die Broschüre des Dorfes Pany im Schweizer Kanton Graubünden. Die Gemeinde dort hat das Vorhaben, das für sie eine „Jahrhundertinvestition" war, sehr genau in Wort, Bild, Plänen und fotografisch dargestellt. Detailliert wurde auch die Geschichte seiner Entstehung und Nutzung dargestellt. Damit hat das beauftragte Architekturbüro alle Kriterien erfüllt, die sich ein Fachjournalist wünschen kann.

Ein anderes Booklet, das Eindruck gemacht hat und ideal für die Publikation aufbereitet wurde, schildert den Bau von zehn Sozialwohnungen, die in der Pariser Stadtrandgemeinde St. Denis (bekannt durch das Stade de France) errichtet wurden. Dieses Projekt ist in mehrfacher Hinsicht spannend. Einerseits ist es in einem historischen Stadtteil situiert, der erneuert werden soll, andererseits wurde inmitten traditioneller Bauwerke ein mehrstöckiger Holzbau mit Metallfassade eingefügt.

In beiden geschilderten Fällen haben die Architekten mit sichtlichem Engagement ihre konstruktiven und ästhetischen Lösungsansätze gezeigt.[5]

Diese Beispiele stehen für gut gemachte Präsentationen, die aus der Erfahrung von Schoof in erster Linie von Architekten gestaltet werden. Bei der Darstellung von Bauten, die „Investoren getrieben" sind, stünden andere Themen im Vordergrund: Quantität, Kosten und oberflächliche Gestaltung seien hier im Fokus, kritisiert der Fachjournalist. Bisweilen schmücke man sich auch mit bedeutenden Architektennamen.

Der überwiegende Teil an Input über Projekte wird nach Fertigstellung von Bauten an die Redaktionen herangetragen, viel zu selten kommt es vor, dass schon in einer frühen Umsetzungsphase erste Informationen geliefert werden. Dabei gäbe es hier durchaus immer wieder Möglichkeiten, Publizität zu gewinnen. Das ist immer dann der Fall, wenn Fachmedien auf der Suche nach passenden Bauten sind, die in ein spezielles Thema hineinpassen, um den Inhalt eines Heftes abzurunden. Hier wäre aus Sicht Jakob Schoofs mehr proaktive Öffentlichkeitsarbeit sinnvoll. Das Mindeste ist ein intensives Bespielen von Onlineplattformen oder der eigenen Website, um die Auffindbarkeit bei Recherchen sicherzustellen.

Grundlegende Missverständnisse der Kommunikation

In der Projektkommunikation bei Bauvorhaben sieht Jakob Schoof nicht nur Chancen, sondern auch eine Vielzahl an grundlegenden Missverständnissen und Fehlern, die sich häufig wiederholen und so den Eindruck verdichten, dass oft kritisch berichtet wird. Das beginne damit, dass bei öffentlichen Bauten oft Missmanagement auf Bauherrenseite entstehe,

[5] Diese Beispiele für eine gelungene Projektdarstellung ist abrufbar unter www.plenos.at/Publikationen/Beispiele.

„weil Politiker meinen, sie seien Baufachleute, es aber nicht sind. Daraus entstehen dann unklare Vorgaben. Baukosten werden anfänglich wider besseres Wissen schön gerechnet. Später kommen Änderungswünsche, die alles teurer machen und es entsteht Termindruck mit Blick auf den Wahlkalender, weil vorher noch rote Bänder durchgeschnitten werden sollen."

Aufseiten der Medien kommt es gar nicht gut an, wenn die Publikation über ein Bauvorhaben bis zum letzten Punkt und Komma kontrolliert wird. „Viele haben offenbar nicht verinnerlicht, dass es eine Pressefreiheit gibt", ärgert sich Schoof über die „Kontrollstreber". Hier werden Chancen auf eine längerfristige Beziehung zwischen Kommunikatoren und professionellen Rezipienten in den Medien verstellt. Das geschieht auch häufig dann, wenn ein Fachmedium wie „Detail Green" einen Fachbeitrag über einen spezifischen technischen Teilaspekt eines Gebäudes (z. B. die Fassadentechnik) veröffentlichen will und das betroffene Architekturbüro dies ablehnt mit dem Hinweis: „Ganz oder gar nicht." Gerade im Fall seiner Fachzeitschrift verwundert es ihn auch immer wieder, dass das Thema der Energieeffizienz auch bei diesbezüglich durchaus ambitionierten Bauten kaum einmal in den Exposés ausführlicher kommuniziert wird. Er schließe daraus, dass häufig „nur das gebaut wird, was der Bauherr will und das gar nicht so sehr im Fokus des Architekten liegt."

Kommunikative Notoperationen ist die Baubranche nicht gewohnt

Schwer tun sich Bauherren und Architekten aus Sicht des Fachjournalisten immer dann, wenn sie plötzlich ins Kreuzfeuer der Kritik von Onlinepublikationen oder Tageszeitungen kommen. Die dann notwendigen kommunikativen Notoperationen dauern dann meist viel zu lang. Ein extremes Beispiel sei die Berichterstattung über Wärmedämmverbundsysteme gewesen. Während lautstark über „Wärmedämmung als Plage der Menschheit geschrieben und mancher Stuss verbreitet wurde, befanden sich die betroffene Industrie und deren Verbände im Schlafmodus, nachdem in den Jahren zuvor Wärmedämmung politisch stark gefördert wurde und die Hersteller und Verbände daher erfolgsverwöhnt waren", kritisiert Schoof. Entscheider bei Industrieverbänden, Bauherren und Planern hätten sich – nicht nur in diesem Fall – nicht gerade als Kommunikationsexperten erwiesen.

Einige Architektur-Großbüros, die mit Großbauvorhaben ihre liebe Not hatten, haben sich später mit kreativen Ideen darangemacht, Position zu beziehen. So hat etwa Meinhard von Gerkan seine Sicht der Dinge auf den Problem-BER in einem Buch dargestellt (Gerkan 2013). Herzog & de Meuron sind einen anderen Weg gegangen. Sie haben anlässlich der Architekturbiennale in Venedig im Arsenale 100 Medienberichte über die Elbphilharmonie großformatig plakatiert und so optisch die ganze Bandbreite der Thematik dargestellt, um ein objektiveres Bild zu zeichnen. In beiden Fällen ist es so zumindest gegenüber einer interessierten Öffentlichkeit gelungen, das Bild ein wenig zurecht zu rücken.

6.2 Kommunikationsverantwortliche von Bauherren

6.2.1 Ernst Eichinger: Die Projektdatenbank des größten Bauherrn Österreichs

(Quelle: BIG/Petra Spiola)

Die Bundesimmobiliengesellschaft ist mit einem Portfolio von rund elf Milliarden der größte Immobilieneigentümer Österreichs. Kerngeschäft ist die Bewirtschaftung und Verwaltung der rund 2200 Liegenschaften (inklusive Tochtergesellschaften) vom Neubau bis zum Abbruch. Im Schnitt, weiß Pressesprecher Ernst Eichinger[6], werden laufend zwischen 40 und 60 Bauvorhaben mit einem Auftragsvolumen von jeweils mehr als 10 Mio. EUR geplant oder realisiert, allesamt mit umfangreichen Informationen chronologisch in der Projektdatenbank im Web aufgelistet.

Die BIG ist vorrangig Dienstleister für die Republik Österreich, deren Institutionen und ausgegliederten Gesellschaften. Das Portfolio besteht aus über 400 Schulen, 21 staatliche Universitäten und Spezialimmobilien (Justizanstalten, Stollen oder Kirchen). Trotz dieser beeindruckenden Bauherrenposition tritt die BIG eher konservativer in der Öffentlichkeit auf. „Wir verfolgen einen passiven Ansatz beim Außenauftritt", erklärt der frühere Journalist, der vor elf Jahren vom „Standard" kam. Nicht jedes Projekt wird kommuniziert, bei größeren Bauvorhaben werden Kommunikationsmaßnahmen an den Fixpunkten gesetzt: Wenn der Architekturwettbewerb entschieden ist, danach zu Bauen begonnen und zu guter Letzt der Neu- oder Umbau übergeben wird, gibt es aktive Medienarbeit. Das danach folgende „Tagesgeschäft" besteht in erster Linie darin, Informationen bei Anfragen zur Verfügung zu stellen. Dreh- und Angelpunkt ist dabei die Website. Dort findet sich neben der Projektdatenbank[7] auch das blätterbare Magazin, von dem noch die Rede sein wird. Besondere Ereignisse wie baurelevante Festivitäten sind unter Highlights fest-

[6]Mag. Ernst Eichinger, MBA MRICS, (Pressesprecher Bundesimmobiliengesellschaft BIG Wien), Interview geführt am 17. März 2016.

[7]http://www.big.at/projekte/projektdatenbank/, abgerufen am 19. März 2016.

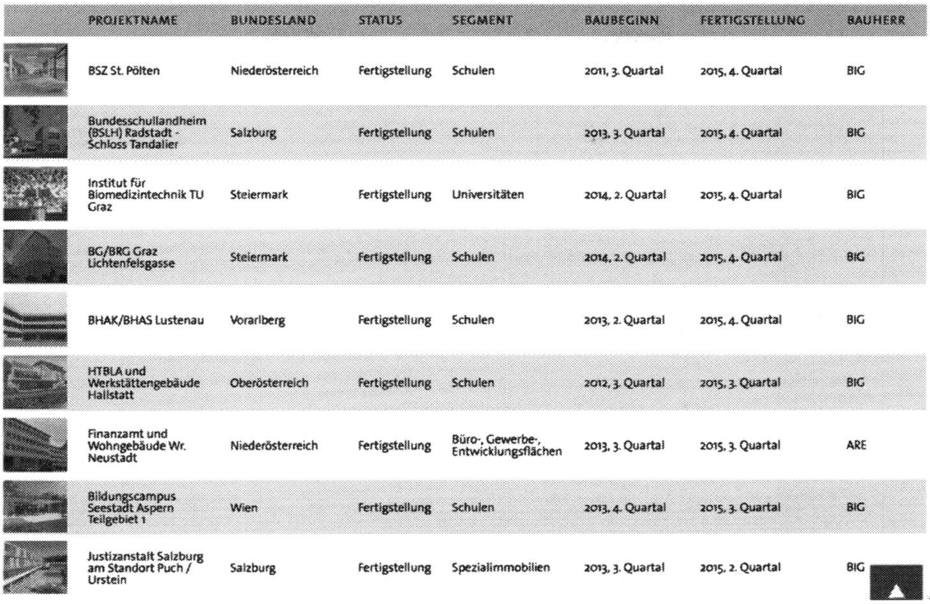

PROJEKTNAME	BUNDESLAND	STATUS	SEGMENT	BAUBEGINN	FERTIGSTELLUNG	BAUHERR
BSZ St. Pölten	Niederösterreich	Fertigstellung	Schulen	2011, 3. Quartal	2015, 4. Quartal	BIG
Bundesschullandheim (BSLH) Radstadt - Schloss Tandalier	Salzburg	Fertigstellung	Schulen	2013, 3. Quartal	2015, 4. Quartal	BIG
Institut für Biomedizintechnik TU Graz	Steiermark	Fertigstellung	Universitäten	2014, 2. Quartal	2015, 4. Quartal	BIG
BG/BRG Graz Lichtenfelsgasse	Steiermark	Fertigstellung	Schulen	2014, 2. Quartal	2015, 4. Quartal	BIG
BHAK/BHAS Lustenau	Vorarlberg	Fertigstellung	Schulen	2013, 2. Quartal	2015, 4. Quartal	BIG
HTBLA und Werkstättengebäude Hallstatt	Oberösterreich	Fertigstellung	Schulen	2012, 3. Quartal	2015, 3. Quartal	BIG
Finanzamt und Wohngebäude Wr. Neustadt	Niederösterreich	Fertigstellung	Büro-, Gewerbe-, Entwicklungsflächen	2013, 3. Quartal	2015, 3. Quartal	ARE
Bildungscampus Seestadt Aspern Teilgebiet 1	Wien	Fertigstellung	Schulen	2013, 4. Quartal	2015, 3. Quartal	BIG
Justizanstalt Salzburg am Standort Puch / Urstein	Salzburg	Fertigstellung	Spezialimmobilien	2013, 3. Quartal	2015, 2. Quartal	BIG

Abb. 6.2 Die Datenbank der BIG bietet Informationen über jedes größere Bauprojekt. (Quelle: BIG)

gehalten. Zu größeren Veranstaltungen ermöglichen Video-Beiträge einen Blick hinter die Kulissen.

In der Datenbank wird das jeweilige Projekt mit Hinweis auf das Bundesland mit Thumbnail und Bezeichnung aufgeführt (Abb. 6.2). Dazu Status und Typus, Baubeginn und -ende sowie der Bauherr. Beim Klick auf die jeweilige Zeile bekommen Interessenten eine relativ ausführliche Beschreibung. Gibt es von Medien Anfragen, werden diese beantwortet, ansonsten gibt es während der Bauzeit nur bei großen Bauvorhaben aktive Kommunikation. Nach der Fertigstellung bietet die BIG allen Beteiligten die Bühne, sich vor geladenen Gästen und Journalisten zu präsentieren. Wie das aussieht, zeigt exemplarisch die Medieninformation[8], die anlässlich der Eröffnung eines Oberstufengymnasiums in Vorarlberg publiziert wurde: Gefeiert wurde hier mit Vertretern des Bildungsministeriums, des Landes Vorarlberg, der Stadt, der Schuldirektion und nicht zuletzt der Geschäftsführung der BIG.

Die Geschäftspartner und damit die Institutionen der Republik stehen im Fokus, denn sie sind es letztlich, deren Meinung Einfluss auf den weiteren Kurs der BIG hat. Das breite Publikum hingegen wird aufgrund niedriger Budgets in der Kommunikation nachrangig behandelt.

[8]http://www.big.at/projekte/bundeshandelsakademie-und-bundeshandelsschule-lustenau-bhak-bhas-lustenau/, abgerufen am 04.02.2017.

Magazin beleuchtet augenzwinkernd das eigene Geschäft

Die Bevölkerung wird über die Medien und die Website informiert, dazu gibt es noch ein Magazin, das der Tageszeitung „Die Presse" beigelegt und direkt an Interessenten geschickt wird. Diese Publikation gibt es jetzt fast zehn Jahre und stand schon im Fokus bei einem der „Anchormen" des ORF. Dieser twittert gerne und befand, dass das Magazin keiner brauche. Wie sich in einem langen Mailverkehr herausstellte, hatte er die Zeitschrift nicht einmal gelesen. Für den BIG-Pressechef war das „ein Zeichen der Zeit: Es wird schnell kommuniziert, ohne lange darüber nachzudenken. Manchmal bleibt dabei die Qualität auf der Strecke." Der Konflikt hat sich rasch wieder gelegt. Geblieben ist das Unternehmensmagazin, das „mit einem zwinkernden Auge das eigene Geschäft betrachtet". Insgesamt 17.500 Stück werden davon verteilt, an 3500 Personen wird direkt versendet, außerdem kann es auch online gelesen werden.[9]

Keine Freunde

Darüber hinaus werden keine größeren breitenwirksamen Maßnahmen etwa über Social Media gesetzt. Er habe es probiert, letztlich aber wieder fallen gelassen. Der Aufwand stehe in keiner Relation zum Ergebnis. Es ist sehr schwer die Menschen auf Facebook für die Bundesimmobiliengesellschaft zu begeistern. Viele sehen in dem Unternehmen eher „den Bund". Daher wären massive Anstrengungen notwendig, um „Freunde" zu finden. „Mir erschließt sich unter den Voraussetzungen der Mehrwert nicht, auf Facebook präsent zu sein", sagt Eichinger. Zusätzlich müsse auf den Plattformen kleinteilig agiert werden. Bei 40 Bauvorhaben sei das gleichzeitig nicht möglich. Wenn in Kufstein auf einer Baustelle „ein Schubkarren umfällt", müsse zuerst der Sachverhalt mit zuständigen Personen vor Ort abgesprochen werden. Mit den Ressourcen der Kommunikationsabteilung sei das nicht zu bewältigen.

Für die BIG stelle sich laufend die Königsfrage: Wen will ich mit dem, was ich da mache erreichen? „Für mich ist es oberste Maxime, dass die BIG als 100prozentige Tochter der Republik Österreich ein gewisses Maß an Transparenz zu erfüllen hat. Ich glaube, einen guten Job gemacht zu haben, wenn jeder der sich für die BIG interessiert genau weiß, was sie macht, wofür sie das Geld ausgibt. Als Kommunikationsverantwortlicher muss man scheitern, wenn man beginnen will, alle Staatsbürger zu missionieren."

Kommunikation für den größten Bauherrn der Republik ist auch ein „Geschäft mit den Eitelkeiten". Die Eitelkeiten hat viele Gesichter. „Gelegentlich gibt es Unverständnis, wie der Job funktioniert." Viele glauben, den Medien müsse man nur diktieren, was sie zu schreiben haben. Auf der Seite der Medien sei vor allem die dauernde Überzeugungsarbeit schwierig, dass es sich lohnt, über ein Bauvorhaben der BIG zu berichten – ohne das Unternehmen dabei zu vergessen.

[9]http://www.big.at/news-presse/big-business/, 29.11.2016.

Medienbeziehungen haben sich massiv verändert

Mit besonderer Aufmerksamkeit beobachtet der BIG-Sprecher die Entwicklung der Medien. „Hier hat sich eine Abwärtsspirale in Gang gesetzt, die irgendwann einmal existenzgefährdend wird.“ Ein Teil des Problems seien die heterogenen Kommunikationskanäle. Während früher Printmedien und ORF in Österreich das Maß aller Dinge gewesen sind, sei das heute anders. Ein anderes Problem sieht er in den sinkenden Inseratenpreise, an denen die Medien zum Teil selbst schuld seien, weil sie einerseits in Ihren offiziellen Preislisten an Tarifen festhalten, die „reine Hausnummern sind.“ Die tatsächlich bezahlten Preise lägen aber weit unter diesen Werten.

Aus der zunehmenden Not heraus verschwimme die ökonomische Seite mit der redaktionellen immer stärker. In seiner Zeit bei der Tageszeitung habe er noch das Gegenteil erlebt. Damals waren die eigenen Mitarbeiter im Verkauf „ultrapfui“. Man durfte mit ihnen als Redakteur nicht einmal richtig reden. Dagegen können es sich heutzutage selbst die unabhängigsten Tageszeitungen nicht mehr leisten, gute Inserenten zu ignorieren. Hier sei es notwendig, sehr smarte Wege zu schaffen, wie man die Unabhängigkeit behalten kann ohne die Hand zu beißen, die sie nährt. Das Gleichgewicht zwischen Hinhauen auf Unternehmen auf der einen Seite und der apodiktischen Meinung, dass der anschafft, der zahlt, gebe es noch nicht. Dazu gehöre auch, dass kritische Geschichten, die gut recherchiert sind, auch einmal akzeptiert werden müssen. „Leider“, merkt Eichinger an, „gibt es diese Art der Berichterstattung immer weniger, weil die Redaktion aus Personalmangel heraus oft gar nicht die Zeit haben, um einem Thema intensiv nachzugehen.“

Bilaterale Gipfeltreffen

Krisenkommunikation stand bei der BIG im letzten Jahrzehnt oft auf der Tagesordnung. In diesen Fällen plädiert Eichinger jedenfalls für proaktives Vorgehen und maximale Transparenz, bei gesicherten Informationen.

Wenn auflagenstarke Tageszeitungen eine Kampagne führen, ist das Thema – so die Erfahrung Eichingers – meist nicht mehr auf der hierarchischen Ebene des Kommunikationsleiters lösbar. Die Lösung könne dann nur mehr – wenn die Entscheidung im Unternehmen gegen ein „Aussitzen“ fällt – bei einem Gipfelgespräch zwischen den Beteiligten auf höchster Ebene gefunden werden.

Interne Projektkommunikation wird in der Ausbildung unterschätzt

Wie die interne Kommunikation bei Bauprojekten der BIG läuft, hänge weniger von den vorgegebenen Prozessen als vielmehr von den handelnden Personen ab. Im Fall der Bundesimmobiliengesellschaft spielt der Projektleiter eine wesentliche Rolle bei der internen Projektkommunikation. „Bei manchen Leuten funktioniert die kommunikative Steuerung, bei anderen eben nicht“, weiß Eichinger. „Ich bin überzeugt, dass Kommunikation als steuerndes Instrument gleichrangig mit der fachlichen Steuerung sein müsste.“ Vor allem die Sinnhaftigkeit, das eigene Projekt auch ins positive Licht zu rücken, erschließe sich noch nicht jedem Projektleiter. Noch müsse er vielfach intern nachfragen, wie der

Stand der Stand der Dinge sei. Das sei aber nicht alleine ein Problem der Kommunikation. Denn die Informationskette funktioniere auch bei anderen Projektbeteiligten nicht immer reibungslos. „Hier befindet sich mancher Projektleiter noch in einer Komfortzone, der Information generell als Holschuld sieht – halt nicht bei sich selbst.“

6.2.2 Johanna Griesmayr: Direkte Kommunikation Online und über Ombudsleute

(Quelle: Griesmayr)

Die Stadt Wien wird in den nächsten Jahren die am stärksten wachsende Metropole Europas sein (Melzer 2014). Bis 2025 wird die österreichische Hauptstadt die 2-Millionen-Einwohnergrenze überschreiten, das sind um 300.000 Bewohner mehr als derzeit. Entsprechend gefordert ist der Wohnungs- und Infrastrukturausbau. Der enorme Zuzug stellt die Stadt vor enorme Herausforderungen. So wird derzeit gleichzeitig an der Erweiterung von drei U-Bahn-Linien gearbeitet (Wiener Linien 2016). Die Verlängerung der U1 in Richtung Süden läuft auf Hochtouren, gleichzeitig laufen schon die Vorbereitungsarbeiten für zwei Großprojekte: Eine neue Nord-Süd-Querung mit Anschluss an das S-Bahn-Netz durch die U2 und die U5 – die erste vollautomatische U-Bahn, die zunächst zwischen den Knoten Rathaus und Karlsplatz verkehrt. Die Züge werden nicht nur fahrerlos unterwegs sein. An den Bahnsteigen wird es auch Bahnsteigtüren geben, die sich nur nach Einfahrt eines Zuges öffnen. Weder Fahrgäste noch Gegenstände können somit auf die Gleise gelangen.

Schnittstellen zur Bevölkerung

Bei so vielen Projekten gleichzeitig mit einer „Vielzahl an involvierten Gruppen, ist das eine kommunikative Herausforderung“, weiß Johanna Griesmayr, für die Presse und Kommunikation der Wiener Linien verantwortlich.[10] Planung und Finanzierung obliegt

[10]Johanna Griesmayr, (Presse und Kommunikation Wiener Linien GmbH und Co KG), Interview geführt am 12. Mai 2016.

zwar dem Bund und der Stadt Wien, in der Öffentlichkeit werden aber die Wiener Linien als Bauherr wahrgenommen. Hier schlagen auch die Anfragen der Anrainer auf, die es für das „Projekt zu begeistern gilt".

Dafür gibt es ein Kommunikationsprogramm mit einem bunten Fächer an Maßnahmen, die von interaktiven Ausstellungen im Infocenter über Informationsveranstaltungen für die Bewohner der betroffenen Bezirke hin zur Medienarbeit reichen. Vor allem aber setzen die Wiener Linien auf die eigenen Onlinekanäle, Postwurfsendungen an die Bewohner entlang der geplanten Strecken und vor allem auf die Ombudsleute aus dem eigenen Bau-Projektteam. „Sie sind die Schnittstellen zwischen den Menschen und den Wiener Linien. Wir sehen aus Erfahrung, wie wichtig es ist, dass Fragen nicht bei einem Servicedesk landen, sondern bei Experten, die genau wissen, was beim jeweiligen Bauabschnitt gerade passiert, weil sie direkt im Baubüro angesiedelt sind." Philosophie dabei ist, ganz offen zu kommunizieren. Alle Anliegen werden aufgegriffen und wenn möglich vorhandene Probleme gelöst.

Alle Öffi-Benutzer sind Zielgruppe

Es mache zwar einen Unterschied, ob gerade von Aspern zum Neubaugebiet in der Seestadt oder im innerstädtischen Bereich gebaut wird, wo viel mehr Menschen unmittelbar die Baustellen „erleben". Allerdings müsse man sich bewusst sein, dass nicht nur bei den unmittelbar vom Baustellenbetrieb betroffenen Personen interessiert sind, sondern alle Öffi-Nutzer. Anfang 2016 ging eine Sonderausgabe des Kundenmagazins mit Schwerpunkt über das Linienkreuz von U2 und U5, mit dem ein Lückenschluss im innerstädtischen Bereich vollzogen wird, an über 70.000 Haushalte.

Das Projekt wird zwar erst in zweieinhalb Jahren tatsächlich umgesetzt, Aufgabe der Kommunikation ist es aber, schon jetzt Bekanntheit und Identifikationsmöglichkeiten zu schaffen. Dazu wurde zum Beispiel ein Voting über die Farbe der neuen Linien veranstaltet, die Eigentümerinnen und Eigentümer von Liegenschaften entlang der geplanten Trasse bereits zu ersten Informationsveranstaltungen eingeladen. Der frühe Kontakt hat auch damit zu tun, dass Dienstbarkeitsverträge mit jedem Liegenschaftsbesitzer geschlossen werden müssen, bevor unter einem Grundstück ein U-Bahn-Tunnel gebaut werden kann.

Architekturdiskussion über jede Station

Auch die Architektur – die städtebaulich relevant ist – wird eingehend diskutiert. „In jedem Bezirk gibt es zahlreiche Stationen, die in das Stadtbild eingebunden werden müssen. Auch wenn wir oft noch nicht alle Details wissen, wollen wir durch offene Kommunikation Neugier wecken und offene Punkte zu klären versuchen", weiß Johanna Griesmayr: „Wir versuchen schon im Vorfeld zu erkennen, wer betroffen ist, welche Bedenken es geben kann, welche Befürchtungen vorhanden sind und warten nicht darauf, bis der Hut brennt."

Kooperation mit Interessenvertretungen

Dabei setzen die Wiener Linien auch auf Kooperationen mit Stakeholdergruppen, etwa dem Zentralverband der Hauseigentümer, den Verkehrsklubs oder der Wirtschaftskammer.

Abb. 6.3 Im interaktiv ausgestatteten Infocenter über die neuen Linien U2 und U5 in Wien können sich Besucher über alle Details des Bauablaufs informieren. (Quelle: WienerLinien/Johannes Zinner)

Ziel dabei ist es, dass die Interessenvertretungen informiert sind und auch eine gewisse Akzeptanz für das Projekt haben. Denn über eines müsse man sich immer im Klaren sein: Auch wenn der öffentliche Verkehr gerade in Wien eine sehr hohe Akzeptanz hat, gibt es bei Großprojekten doch immer den NIMBY-Effekt: „Es will zwar jeder einen U-Bahn-Anschluss in der Nähe, aber eben nicht direkt im eigenen Hinterhof", weiß Griesmayr (Abb. 6.3).

Kommunikation über Experten

Das Themenspektrum, das in Sachen Netzausbau aufgearbeitet wird, ist sehr breit gefächert, das zeigt ein Blick auf die Website der Wiener Linien.[11] Bei Spezialthemen werden immer wieder auch Experten eingebunden. Architekten, Planer, Tunnel- und Brückenbauer stehen als Interviewpartner für die Medien bereit, sehr häufig kommen sie auch auf eigenen Online-Kanälen zu Wort. Eigene Corporate-Publishing-Aktivitäten nehmen überhaupt einen immer breiteren Raum in der Kommunikationsstrategie ein, erklärt die 26-jährige Politikwissenschaftlerin Griesmayr. Vor ihrer Sprecherfunktion bei den Wiener Linien war sie im Verkehrs- und Bildungsministerium tätig. In ihrer Bachelor-Arbeit hat sie sich mit dem Thema Nutzung von Facebook durch Ministerien – zwischen Werbung und Populismus – auseinandergesetzt. Neben der eigenen Website, Infoscreens und einem informell aufgebauten Blog setzen die Wiener Linien stark auf den Facebook-Account, der stolze 60.000 Fans hat. Ein Indikator dafür, dass die Wiener Linien einen hohen Stellen- und Identifikationswert bei den Fahrgästen haben.

[11] http://www.wienerlinien.at/eportal3/ep/channelView.do/pageTypeId/66528/channelId/-46615, abgerufen am 17.05.2016.

Derzeit werden gerade in 5000 Kellern Schächte gegraben und in ebenso vielen Gebäuden die Wohnungen begangen und protokolliert. Wie es dabei zugeht, wird in Reportagen über die Fundamentuntersuchungen erzählt.

Die Inhouse produzierten Inhalte erzielen zunehmend auch einen Echoeffekt bei den klassischen Medien. Ein gutes Beispiel dafür ist ein Video über einen aus Berlin stammenden Busfahrer. Die Story des „Gastarbeiters" mit Berliner Schnauze, der bei den Wiener gut ankommt, wurde mehreren klassischen Medien angeboten, die griffen aber erst zu, nachdem das selbst produzierte Video in den sozialen Medien gehypt wurde. So kam Daniel Winter – so heißt der Buschauffeur von der Spree – auch zu TV-Ehren im deutschen Fernsehen.

6.2.3 Peter Klinglmüller: Kommunikativer Hype um das neue grün-weiße Rapid-Stadion

(Quelle: GEPA Pictures/SK Rapid)

Rapid Wien ist für viele Fußballfans in Österreich Kult. Die „heilige Stätte" des Fußballs des österreichischen Rekordmeisters im Westen Wiens, wo die Grün-Weißen seit 1912 zu Hause sind, hieß deshalb im Volksmund auch Sankt Hanappi. 1977 erbaut und nach dem ehemaligen Spieler des Vereins und späteren Architekten des Weststadions benannt, war die Arena nach gut 35 Jahren baufällig und entsprach nicht mehr den modernen Anforderungen. Sie war zu klein, bot zuletzt nur mehr für knapp 17.000 Zuschauer Platz. Die Infrastruktur für Medien und VIPs und das Klubmanagement war unzureichend. Lange Zeit wurde die Notwendigkeit der Modernisierung diskutiert, wurden verschiedene Modelle gerechnet. Die Stadioneigentümerin – die Stadt Wien – sagte schließlich ein Budget von 20 Mio. für die Sanierung zu. Rudolf Edlinger – langjähriger sozialdemokratischer Abgeordneter, zuletzt Finanzminister und damals Präsident des SK Rapid – überzeugte die Wiener Politiker, dass es nicht genügt, für frischen Beton, einen neuen Anstrich und funktionierende Technik zu sorgen. Im Herbst 2013 wurde die Idee ventiliert, das Stadion neu zu bauen. In einem Wettbewerbsverfahren wurde nachgewiesen, dass der Neubau an alter Stätte machbar und wirtschaftlicher ist als die Sanierung, erinnert sich der Kommunikationschef des Klubs, Peter Klinglmüller.[12]

Im Juni 2014 wurde das Projekt schließlich 2000 Interessenten in der Stadthalle und am gleichen Tag den Medien vorgestellt. Der Klub trat gemeinsam mit der ausführenden Baufirma STRABAG und dem neu gewonnenen Namenssponsor Allianz auf: „Wir hatten eine gute Idee, eine großartige Animation[13] und die Fans im Rücken", erinnert sich Klinglmüller zurück. Der Neubau wurde unter ein Motto gestellt, mit dem sich die Fans sehr gut identifizieren konnten: „Alte Heimat – neues Zuhause." Kaum vorgestellt wurde der Neubauplan von der Rapid-Community begeistert aufgenommen und sofort viral verbreitet. „Das hat dem Projekt einen enormen Antrieb gegeben", sagt der Klub-Sprecher: „Mit dieser positiven Stimmung im Rücken haben wir vom ersten Tag an proaktiv kommuniziert. Die ‚Rapid-Familie' hat sich auch im Stadion-Beirat aktiv eingebracht. Spieler und Fanszene engagierten sich. Jeden zweiten Freitag wurden Baustellenführungen organisiert, die teilweise sogar überbucht waren" (Abb. 6.4).

Grüne Präsidentenkrawatte und grüner Sand beim Spatenstich

In den zwei Jahren Bauzeit gab es 80 Medientermine, zu denen bis zu 60 Journalisten kamen. Zwischen dem Abschiedsspiel im alten Sankt Hanappi im Juli 2014 gegen die Celtic Glasgow bis zum Eröffnungsspiel im neuen Allianz-Stadion gegen FC Chelsea London im Juli 2016 gab es zahlreiche Anlässe, für Kommunikationsinteresse zu sorgen. Europaweit beachtet wurde die Abrissparty im Oktober 2014, als sich „20.000 Anhänger ein Stück alte Heimat gesichert haben". In grünen Schachteln mit der Aufschrift „Mein Stück alte Heimat" konnten die Besucher Rasenziegel, Teile vom Tornetz oder einen Mauerbrocken mit nach Hause nehmen. 19,77 EUR – in Anlehnung an das Baujahr der alten Fußballarena – kostete z. B. ein Sessel. Fans, die bei der Abrissparty nicht dabei waren, konnten die Stadionsessel auch auf www.heiligerstuhl.at erwerben, wo sie von drei Rapid-Fans mit einer eigens gebauten Haltevorrichtung aus Stahl zum Verkauf angeboten wurden (Khakpour und Puktalovic 2014).

Ein großer Event war auch der Spatenstich, wenngleich in einem ganz anderen Format. Am Tag des Wiener Opernballs kam Bundespräsident Heinz Fischer, um zu Schaufel und Mikro zu greifen. Der wechselte sogar die Krawatte, da sie farblich zu nahe am Violett des Erzrivalen Austria Wien lag und ließ sich einen grün-weißen Fanschal über

---

[12]Peter Klinglmüller (Direktor Kommunikation, Medien und PR SK Rapid Wien), Interview geführt am 27. Oktober 2016. Der 1973 in Wels gebürtige Oberösterreicher ist seit 1992 Wiener. Während des Studiums (Publizistik- und Kommunikationswissenschaften/Politik) ist er zum SK Rapid gestoßen, dort von 2000 bis 2006 als Pressesprecher tätig, dann bis Januar 2012 Pressechef des Österreichischen Fußball-Bundes. In seine Ära fiel unter anderem die UEFA EURO 2008 im eigenen Land, er war Pressechef für die UEFA U19-EM 2007 in Oberösterreich und Pressechef für die Nationalmannschaft bei der FIFA U20-WM 2011 in Kolumbien. Im Februar 2012 kehrte er zum SK Rapid zurück.

[13]Die Animation findet sich unter https://www.youtube.com/watch?v=E2h_VI-x8oU, abgerufen 30.10.2016.

Abb. 6.4 Der Neubau des Stadions des österreichischen Rekordmeisters Rapid Wien wurde über alle Kanäle gespielt. (Quelle: SK Rapid)

die Schulter legen. Jedes Detail des Events war durchgeplant: Als sich die Spaten in die Erde gruben, kam grün eingefärbter Sand zum Vorschein. Diese Idee dürfte beim Stadtrivalen Eindruck gemacht haben, stichelt Klinglmüller, denn bei deren Spatenstich für den Stadionneubau, der 2018 beendet sein soll, „kam überraschend violette Erde zum Vorschein."

Baufortschritt auf allen Kanälen dokumentiert

Proaktiv wurde in der Kommunikation auch auf die Nachbarn zugegangen. Unmittelbar neben dem Stadion liegt eine große Siedlung mit 4000 Bewohnern. Deren Mieterbeirat hatte zunächst Widerstand angekündigt. Bei der Mieterversammlung vor Baubeginn hatte sich freilich schon so positive Stimmung ausgebreitet, dass das Projektteam inklusive Baustadtrat nach einer Stunde ohne eine einzige Beschwerde von dannen ziehen konnte.

Das Kommunikationskonzert aus Events und Medienarbeit wurde untermalt durch Onlinekommunikation. Neben der eigenen Website[14] gab es einen Facebookauftritt, die Rapid-Kanäle wurden ebenso bespielt wie Instagram oder Twitter. Jedes Posting – auch auf den diversen Diskussionsforen der Klubcommunity und dem Soccer-Board – wurde beantwortet. Jeder Schritt des 28.600 Sitz- und Stehplätze fassenden Stadions, darunter 2500 Business Seats und 41 Logen für VIP-Gäste, wurde fotografisch dokumentiert und jede

[14]http://www.allianz-stadion.at, abgerufen 29.10.2016.

Woche ein Video gepostet.[15] Der Baufortschritt wurde in Zeitraffer dokumentiert und nach Fertigstellung auf wenige Minuten zusammengeschnitten. Eine fast halbstündige Baudokumentation, die der Bauherr in Auftrag gegeben hat, wurde vor dem Eröffnungsspiel auch in voller Länge im Fernsehen ausgestrahlt.[16] Positiv für die Gesamtstimmung war letztlich auch, dass die prognostizierten Baukosten von insgesamt 53 Mio. inklusive Planung und Ausstattung exakt eingehalten wurden. Über die gelungene Kommunikation, die vom ersten Tag an von der PR-Agentur Ecker & Partner begleitet wurde, freut sich auch Roman Hornischer. Er war Projektleiter des Stadionneubaus beim Generalunternehmen STRABAG: „Für uns war das schon ungewohnt, so stark im Fokus des Interesses zu stehen. Natürlich war das auch mit Aufwand verbunden, allerdings war das Ergebnis exzellent und in gegenseitigem Interesse." Mit Klinglmüller freut er sich darüber, dass es dafür Ende 2016 auch eine Nominierung beim Staatspreis für PR gab.

6.3 Projektmanager

6.3.1 Jürgen Laukemper: Bauherren mit einer ausgeprägten Kommunikationskultur tun sich leichter

(Quelle: Laukemper)

Bei großen Bauvorhaben müsse man sich von vorneherein abschminken, dass alles friktionslos abläuft. Es liege in der Natur der Sache, dass es Gegner gebe, weiß Dr. Ing. Jürgen Laukemper[17]. Er ist Partner des größten deutschen Beratungsunternehmens auf dem Bau- und Immobiliensektor mit Stammsitz in Baden-Württemberg. Die wesentlichen

[15]Im YouTube Kanal des Clips findet sich eine Playlist mit 145 Clips: https://www.youtube.com/playlist?list=PL23pbYBK69knty-DwNTzvzxu4tg4Lm0aV, abgerufen am 29.10.2016.

[16]Die große Baudoku (25 min und auch im Free-TV in voller Länge ausgestrahlt) – produziert von West4Media – https://youtu.be/u9cuOjI1Lao, abgerufen am 30.10.2016.

[17]Dr.-Ing. Jürgen Laukemper, Vorsitzender der Geschäftsführung Drees & Sommer Infra Consult & Entwicklungsmanagement GmbH, Interview geführt am 25. April 2016.

Leistungen von Drees & Sommer sind Entwicklungs- und Prozessberatung, Infrastrukturberatung, *Projektmanagement* und *Engineering* sowie Immobilienberatung. Hoch- und Infrastrukturprojekte jeder Art und Größe werden für nahezu alle Branchen von der ersten Idee über die Planung und Realisierung bis zum Betrieb oder einer möglichen Revitalisierung begleitet.

Das Unternehmen beschäftigt an 40 Standorten rund 2150 Mitarbeiter. Mit knapp tausend Projekten, die pro Jahr realisiert werden, wird ein Umsatz von 300,7 Mio. EUR bei einem Bauvolumen von rund 11,8 Mrd. EUR erzielt. Von Stuttgart aus werden Niederlassungen in den wichtigsten Metropolen in Deutschland, im übrigen Europa, im mittleren Osten, in Asien, Nord- und Südamerika, sowie Russland und der GUS geführt (Drees und Sommer 2016).

Im internationalen Geschäft werden lokale Köpfe benötigt

Die Internationalität spiegelt sich auch bei den Mitarbeitern: Sie gehören 45 Nationen an, sprechen mehr als 50 Sprachen und haben Projekterfahrungen in den bedeutenden Immobilienmärkten der Welt gesammelt. „Das ist auch absolut notwendig“, weiß Laukemper, „denn je nach Region müssen Kunden wie Stakeholder ganz unterschiedlich angesprochen werden. Das gilt auch für die Medien.“ Hier setzt Drees & Sommer auf externe Dienstleister vor Ort. Während die konzeptionelle Arbeit bei Projekten aus dem Haus kommt, ist das Sprachrohr zu den Medien immer ein „Local“.

Transparenz in der Kommunikation versus Claim Management

Nicht nur im deutschsprachigen Raum gilt, dass letztlich das Gelingen der Kommunikation nach innen und außen stark an den einzelnen handelnden Personen hängt. Die Projektkommunikatoren und -manager tun sich leichter, wenn sie es mit Partnern zu tun haben, die Transparenz gewohnt sind. Wenn das vertragliche Verhältnis zueinander und das Gesprächsklima zwischen Auftraggeber, Projektmanagement, Planern und ausführenden Firmen funktioniert, gibt es in der Regel keine Sollbruchstellen.

Beim General Construction Management, einem partnerschaftlichen Modell, das Drees & Sommer einsetzt, sind die Abläufe und Dokumentationen offen gestaltet. Sofern vom Auftraggeber nicht anders vorgeschrieben, verwendet das Unternehmen PKM von Conclude[18]. Wenn mit der Transparenz, die mit dieser Softwareplattform möglich ist, leichtfertig umgegangen werde – etwa durch Ausnutzung von durch Dritte verursachten Terminverzügen – komme es zu Problemen. Jürgen Laukemper nennt das dann auftretende Phänomen „Claim Management“. Jeder Teilnehmer zieht sich dann in seinen eigenen Bereich zurück.

---

[18]http://www.conclude.com/loesungen/pkm/, abgerufen am 25.04.2016.

BIM strukturiert Prozesse und macht Projekte kostengünstiger

Die Philosophie der Transparenz treibt bei Drees & Sommer in den letzten Jahren den Einsatz von BIM (Building Information Modeling)[19] voran. Bei größeren Projekten ist das Planungsmodul schon in mehr als der Hälfte der Fälle im Einsatz. Ganz ohne Steuerung funktioniert das freilich nicht. „Die Inhalte müssen koordiniert werden, sonst wird das zum Datengrab", ist Laukemper überzeugt. Der große Vorteil ist, dass der ganze Prozess noch klarer strukturiert wird. Zwar werde dadurch die Planung etwas teurer, in der Ausführung dagegen günstiger, weil nicht sauber gelöste Schnittstellen frühzeitig – noch ehe Arbeit investiert wird – erkannt werden können.

Bedenken kleinerer Unternehmen, dass BIM sie aus vielen Bauvorhaben ausschließt, teilt Laukemper nicht. Natürlich tue sich ein Handwerker, der keine CAD-Planung machen kann, schwerer und für Planer, die nur selten damit arbeiten, könne es aufgrund der geringen Fallzahlen zu Schwierigkeiten kommen. Bei Drees & Sommer wird damit offensiv umgegangen: „Kleinere Handwerksbetriebe erhalten von uns durch einen eigenen BIM-Koordinator die Ausführungspläne."

Auch vor überzogenen Erwartungen warnt der Bauexperte: Im Falle des Berliner Flughafens hätte nach seiner Einschätzung auch BIM nur bedingt geholfen. Da gingen so viele Jahre ins Land von der Vorplanung über die Genehmigung bis zur Realisierung. Es wurden gesetzliche Änderungen entscheidend – etwa im Bereich des Brandschutzes. Die Betriebs- und Marketingkonzepte des Airports haben sich verändert. Dazu kamen neue technische Entwicklungen bei den Flugzeugen wie dem A380 und vieles mehr. Bei diesen Rahmenbedingungen hätte beim BER irgendwann einmal der Planungsprozess mit BIM eingestellt werden müssen, weil zu viele neu eingeführte Unbekannte die konsequente Einhaltung der Prozesse unmöglich gemacht hätten.

Externe Kommunikation über Auftraggeber und Zukunftsthemen

Auch beim größten Projektmanagementunternehmen im deutschsprachigen Raum liegt die Prärogative für die externe Kommunikation beim Bauherren. Der Auftraggeber verschickt die Medieninformation, die Kommunikationsabteilung von Drees & Sommer fungiert als Faktenlieferant. Einfach ist es, wenn in den beauftragenden Unternehmen Kommunikationsprofis am Werk sind, die mit sensiblen Themen und Stakeholdern umgehen können. Auftraggeber, die das nicht gewohnt sind, tun sich oft schwer. Vor allem dann, wenn Projektgegner aktiv werden. Die Quintessenz von Dr. Laukemper: „Öffentlichkeitsarbeit muss von Anfang bis Ende kontinuierlich gemacht werden. Wenn es ruhiger ist, darf die Frequenz einmal etwas länger sein, aber nie aufhören. Vor allem muss sehr genau darauf geachtet werden, was die Gegner tun. Der von ihnen vorgegebene Rhythmus muss gewahrt werden, sonst wird leichtfertig das Feld überlassen." Und noch eine Erfahrung hat der

---

[19]In der Baubranche wird das Thema momentan sehr intensiv diskutiert, die Fachmedien widmen dem Thema ganze Sonderhefte. Einen knappen Überblick darüber, was die Methode zur fünfdimensionalen Planung (Raum, Zeit und Kosten) ist, finden Sie in Wikipedia: https://de.wikipedia.org/wiki/Building_Information_Modeling, und im BIM Blog (www.bim-blog.de) abgerufen am 25.04. 2016.

Bauingenieur gemacht: „Die Menschen reagieren sauer, wenn die Fakten nur scheibchenweise offengelegt werden."

Dabei gelte es, alle möglichen Kanäle auszunutzen. Medienarbeit oder Veranstaltungen allein seien jedenfalls nicht genug. Es gelte vielmehr, das gesamte Spektrum an Möglichkeiten auszuschöpfen. Auch Social Media spielt bei den Stuttgartern eine wichtige Rolle.

Sehr aktiv sind die Stuttgarter in der Außenkommunikation von Innovationsthemen und Fachkompetenzen. Im Fokus bei Veranstaltungen und im Pressebereich des Unternehmens sind Zukunftsthemen, die die gesamte Bauwirtschaft umtreiben. Die Digitalisierung der Städte und Gebäude ist ein Megathema, das medial aufgegriffen wird.[20] Das Thema Nachhaltigkeit findet sich im Bereich der Logistik, beim „Green Hospital" oder bei Energiekonzepten für ältere Gebäude wieder.

6.3.2 Andreas Gobiet: Kommunikation gehört Bautechnikern schon in der Ausbildung als Grundelement vermittelt

(Quelle: Gobiet)

„Fast alles, was bei Bauvorhaben zu Kommunikationsproblemen führt, ist im Berufsbild des Technikers angelegt: Sie haben schon in der Ausbildung gelernt, dass es nur eine richtige Ansicht gibt. Also sind zwangsläufig andere Ansichten falsch und werden deshalb nicht gelten gelassen", ist Dipl.-Ing. Andreas Gobiet[21] überzeugt. Der Geschäftsführer des österreichischen Ziviltechnikerbüros und frühere Präsident seiner Interessenvertretung in Wien plädiert deshalb seit langem dafür, dass Bautechniker schon in der Ausbildung lernen sollten, richtig zu kommunizieren. Wenn die Meinung anderer nicht akzeptiert wird, kommt es zwangsläufig zu Streitereien im Projektteam.

---

[20]http://www.dreso.com/de/presse/presseinformationen/detail/?tx_ttnews%5Btt_news%5D=4247&cHash=62a7144901bde27aa0adf80416be8311, abgerufen am 01.03.2017.

[21]Dipl.-Ing. Andreas Gobiet, Geschäftsführer Ingenos.Gobiet.GmbH Wien, Gleisdorf, Ligist, Gmunden, Interview geführt am 4. April 2016.

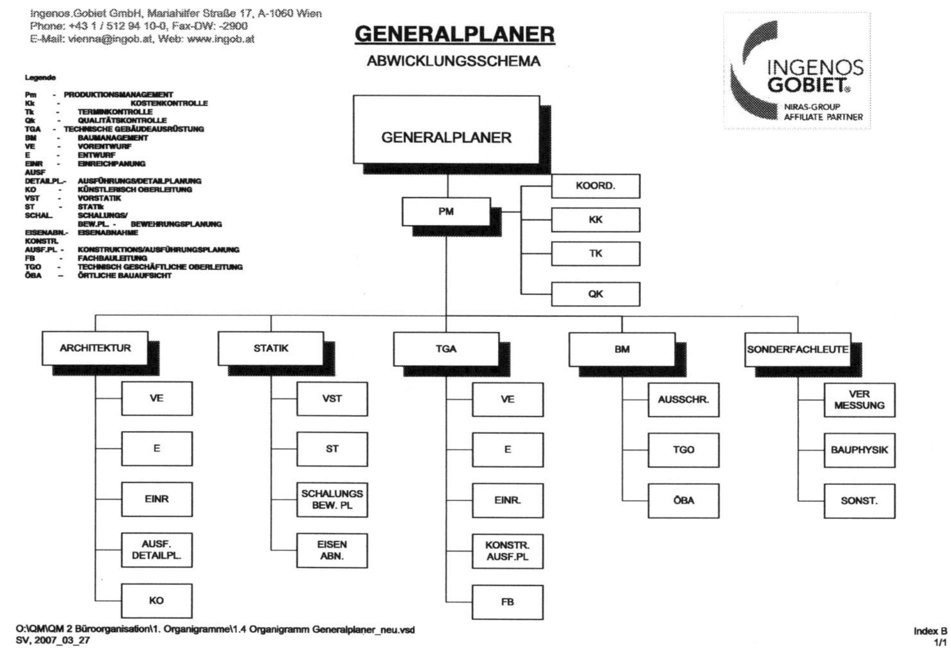

Abb. 6.5 Die Aufgabenverteilung zwischen den Beteiligten wird über den von Ingenos.Gobiet verwendeten Generalplaner fixiert. (Quelle: Ingenos Gobiet)

In seinem Unternehmen, in dem 100 Mitarbeiterinnen und Mitarbeiter bautechnische Dienstleistungen von der Projektentwicklung bis zur Bauaufsicht erbringen, müssen alle Experten, die bei Bauprojekten Leitungsaufgaben übernehmen, eine Mediationsausbildung durchlaufen.

Das hat sich als erfolgreiche Strategie erwiesen. Hilfreich sind auch die bei jedem Projekt vorliegenden Organisationshandbücher. Darin ist genau geregelt, wer mit wem zu tun hat. Wie das aussieht, zeigt das Beispiel in Abb. 6.5.

Die Organisationshandbücher stellen sicher, dass der Instanzenzug eingehalten wird. Auf diese Weise kann vermieden werden, dass Verantwortliche übergangen, dass am Projektleiter vorbei beispielsweise der Bauherr über vermeintliche Projekte bei den Planungen informiert werden. Diese „Spielchen" sorgen für interne Konflikte und verpesten das Klima innerhalb des Projektteams. Um solche Irritationen zu vermeiden, gibt es bei Ingenios.Gobiet hausintern alle zwei Wochen Teamleiterfrühstücke, bei denen alle Anliegen durchbesprochen werden. Einmal pro Monat werden in Teammeetings mit der Geschäftsführung die Projekte vorgestellt und der Status auch protokollarisch festgehalten.

Dieser Informationsaustausch innerhalb des Unternehmens ist wichtig, um Probleme rasch erfassen und in der Folge klären zu können. Dazu gibt es eine eigene Qualitätssicherung und eine Software[22]. Die dort abgebildete Qualitätsmatrix deckt sich auch mit dem im Vertrag festgelegten Leistungsbild. Im Sinne eines ständigen Verbesserungsprozesses werden die Vorgaben durch das Qualitätsmanagement permanent weiterentwickelt.

Projektbesprechungen mit allen am Projekt Beteiligten sind in der Matrix alle zwei Wochen anberaumt. „Aus unserer Erfahrung heraus dienen diese Veranstaltungen leider eher der Demotivation als der Motivation", weiß Andreas Gobiet aus leidvoller Erfahrung. Deshalb ist hier meist auch ein Geschäftsführer oder Prokurist seines Unternehmens dabei, um einen Ausgleich herzustellen. Zwar ist es im Interesse aller Beteiligten, das Vorhaben zu einem positiven Ende zu bringen. „Zwischenmenschlich knirscht es aber häufig, was mit der Konditionierung von Technikern auf das Rechthaben zu tun hat." Dadurch, dass seine Mitarbeiter durchgängig eine Mediationsausbildung haben, habe sich die interne Kommunikation allerdings bereits verbessert, weil mehr zugehört wird.

Was die Kommunikation nach außen betrifft, sind dem Ziviltechniker rechtlich die Hände gebunden. Bauherren sind auch sehr sensibel, wenn Dienstleister mit Informationen nach außen gehen. „Unsere Auftraggeber sind üblicherweise auch so aufgestellt, dass sie es selber machen können und über ihre Stäbe auch machen wollen." Ingenos.Gobiet arbeitet unter anderem für die Bundesimmobiliengesellschaft, Landesregierungen, Krankenanstalten, Bundesministerien oder Immobiliengesellschaften von Banken[23]. In den Hearings vor der Auftragsvergabe wird immer die Frage gestellt: „Was tun Sie, wenn ein Journalist anruft und eine Information haben will." Die Antwort muss sein: „Wir verweisen sofort auf den Bauherren." Eine andere Auskunft wäre vermutlich ein Ausschließungsgrund von der Auftragsvergabe.

Zuständig für die Kommunikation nach außen sind auf Seite der öffentlichen Hand im Regelfall die Medienreferenten, Beamte der Fachabteilungen und in besonders wichtigen Fällen auch die ressortverantwortlichen Politiker. Diese lassen sich bei Anfragen briefen, dann ist der Fall für das Projektmanagement aber auch schon wieder erledigt. Wobei die externe Kommunikation aus Sicht von Gobiet heute immer noch in erster Linie über die Tageszeitungen und einzelne Special Interest Magazine läuft.

[22]Ingenos Gobiet verwendet das Programm Procheck, das eigentlich für Steuerberater in Deutschland entwickelt wurde, aber sehr gut für die Zwecke der Projektleitung funktioniert.

[23]zum Portfolio: http://www.igzt.at/; abgerufen am 4. April 2016.

6.3.3 Wolfgang Kradischnig: Die Währung in einem Projekt ist Vertrauen

(Quelle: Kradischnig)

Die Gesprächskultur bei Bauprojekten ist ein Thema, mit dem sich Wolfgang Kradischnig, Geschäftsführer der Delta Gruppe, intensiv auseinandersetzt: aus der Erkenntnis heraus, dass viele Probleme dadurch entstehen, dass nicht ausreichend kommuniziert wird. Die Erklärung des studierten Bauingenieurs, der an der TU Graz diplomierte: „Techniker wollen einen Plan, Reden ist nichts wert." Das heißt, dass viel Wert auf den formellen Teil der Kommunikation gelegt wird, weniger aber auf den informellen.

Der Techniker hat sehr rasch erkannt, dass diese Sichtweise seiner Branchenkollegen in die Sackgasse führt. Er hat sich deshalb mit dem Thema interne Kommunikation, Gesprächskultur und Mediation intensiv auseinandergesetzt. Im eigenen Unternehmen, das mit 170 Mitarbeitern zu den führenden österreichischen Dienstleistern im Hochbau in den Bereichen Gesundheitswesen, Bildungsbau, Handel, Gewerbe/Industrie, Büro und Wohnbau des Landes gehört[24], aber auch in der IG Lebenszyklus, in der er gemeinsam mit Branchenkollegen einen Fachleitfaden entwickelte.[25]

Bei DELTA setzt Kradischnig auf einen zwiebelschalenartigen Aufbau der internen Projektkommunikation. Die innerste Schale ist die Ausrichtung des eigenen Teams. Im nächsten Schritt geht es darum, mit dem Auftraggeber eins zu werden; mit ihm Homogenität in den Zielen und Erwartungen herzustellen. Das kommt später dem gesamten Projekt zugute. Der nächste Schritt ist dann die Abstimmung des ganzen Planungsteams. Der Bauherr spielt hier eine wichtige Rolle. In einem gemeinsamen Workshop werden Anforderungen und Pflichtenheft vermittelt. „Jeder Teilnehmer erfährt in diesem Prozess hautnah, was sich der Auftraggeber vom Projekt erwartet."

[24]Dipl.-Ing. Wolfgang Kradischnig, Geschäftsführer Delta Gruppe Wels, Wien, Salzburg, Trebic, Bratislava, Kiew. Interview geführt am 12. April 2016.

[25]Projektkultur aktiv gestalten: Erfolgsfaktoren bei Bauprojekten – von der Strategie bis zur Umsetzung. http://www.ig-lebenszyklus.at/publikationen/unsere-publikationen.html, abgerufen 16.04.2016.

In dieser Phase wird die Projektkommunikation bereits an das interne Informationssystem des Bauherrn angedockt. Aus der Erkenntnis heraus, dass die Mitarbeiter des Auftraggebers unbedingt eingebunden werden müssen. Die letzte Schale bildet dann der Auftaktworkshop mit allen Ausführenden. „Durch diese Vorgehensweise entsteht ein gemeinsames Bewusstsein, auf dem sich in der oft über Jahre dauernden Zusammenarbeit aufbauen lässt", weiß Dipl.-Ing. Kradischnig. Kommt es trotzdem im Verlaufe des Bauvorhabens zu Unstimmigkeiten, können diese in mediativer Form aufgearbeitet werden. Am Schluss des Projekts findet ein Abschlussworkshop mit Manöverkritik statt. Alle positiven und negativen Erfahrungen werden festgehalten. „Wir werden bei jedem Projekt klüger und können dann beim nächsten Bauvorhaben auf einem höheren Level weiterarbeiten", resümiert Kradischnig (Abb. 6.6).

Eine Erkenntnis aus dieser Vorgehensweise ist, dass Rücklagen in der wichtigsten Währung entstehen, die es in einem Projekt gibt: Vertrauen. Das wirkt sich auch finanziell

Abb. 6.6 Im Leitfaden der IG Lebenszyklus Hochbau werden Bauherren und Vertreter der Bau- und Immobilienbranche angesprochen. (Quelle: IG Lebenszyklus Hochbau)

aus. Während bei einem hohen Misstrauenspegel viel unproduktive Zeit für die minutiöse Dokumentation jedes Schrittes nötig ist, reicht in einem vertrauensvollen Umfeld die notwendige systematische Dokumentation aus.

Die formelle Kommunikation, wie die informelle interne Kommunikation im Projektverlauf braucht Pflege, ist der Bauingenieur überzeugt: „Die Reportings müssen sauber organisiert, das gesamte Berichtswesen strukturiert werden. Wenn schon von Anfang an eine Struktur vorhanden ist, wie die Dokumentation aussehen soll, ist das sehr hilfreich." Das funktioniert am besten über eine webbasierte Datenplattform, ist Kradischnig überzeugt. DELTA hat ein eigenes Programm entwickelt, das im Idealfall alle Beteiligten verwenden müssen.

In jedem Fall funktioniere es dann gut, wenn alle Beteiligten diese Form der formellen Kommunikation als einzig gültige verwenden und anerkennen. Das fällt zwar manchen Projektteilnehmern anfänglich schwer, für das große Ganze ist es aber sinnvoll, weil dann Um- und Schleichwege in der Dokumentation aufhören.

Eine gute Dokumentation steigert den Gebäudewert

Die formelle Kommunikation im Projekt endet mit der Dokumentation. Bei jedem Gebäude gibt es enorme Datenmengen. Für den laufenden Betrieb und die Instandhaltung ist vielleicht ein Zehntel der gesamten Datenmenge notwendig. Die aber gilt es so aufzubereiten, dass sie später wieder zur Verfügung steht. „Wenn alles ordentlich dokumentiert ist, kann das den Gebäudewert bei einem Verkauf um bis zu zehn Prozent steigern", weiß der DELTA-Chef.

Wie die formelle, müsse auch die informelle interne Kommunikation gepflegt werden. Es gehe darum, ein Klima der Wertschätzung zusammenzubringen. Das beginnt mit dem einen oder anderen gemeinsamen Essen oder auch einmal einem Bier nach getaner Arbeit. In einem „Code of Culture" wird schon zu Beginn definiert, was es dazu braucht, eine förderliche Projektkultur entstehen zu lassen und dann über einen längeren Zeitraum hinweg zu erhalten. „Der Knackpunkt ist, dass ein Projekt von innen gesund sein muss. Dann kann ich es auch nach außen gut kommunizieren", ist Kradischnig überzeugt.

Plädoyer für proaktive Öffentlichkeitsarbeit

In der Kommunikation nach außen sei es wichtig, proaktiv tätig zu sein. Abzuwarten, bis von außen Anfragen kommen, sei immer schlecht, weil sich dann Misstrauen breit mache und sich Gerüchte verbreiten, was allenfalls sein könnte. Manchmal gebe es unternehmenspolitische oder budgetäre Gründe, dass manche Projekte nicht so kommuniziert werden, wie sie kommuniziert werden sollten. Das könne das beauftragte Projektmanagement nicht ändern, es sei aber unbedingt notwendig, darauf hinzuweisen.

Während das Bauprojekt läuft, sind alle Projektbeteiligten als Erfüllungsgehilfen des Bauherrn zum Stillschweigen verpflichtet. Die Standesregeln sind hier sehr eng gefasst. Die Kommunikationsverantwortlichen des Baumanagements seien aber gefordert, Zahlen, Daten, Fakten, 3-D-Visualisierungen und vieles andere so aufzubereiten, dass der Auftraggeber kompetent Öffentlichkeitsarbeit betreiben kann.

In der Endphase eines gelungenen Projekts sei es die Angelegenheit des Projektmanagements, der Architekten oder des einen oder anderen ausführenden Unternehmens, sich mit dem Bauherrn zeitgerecht zu verständigen, ob Informationen weitergegeben und Bilder verwendet werden dürfen. In einem Klima des Vertrauens ist das meist kein Problem, für manchen Bauherrn ist es ja auch durchaus positiv, wenn über sein Projekt berichtet wird.

DELTA verbreitet die freigegebenen Informationen zum Beispiel über Medieninformationen, einen Newsletter oder in Form von Einreichungen bei Awards. Dafür gibt es eigene Verantwortliche für Österreich, aber auch für die mittel- und osteuropäischen Länder, in denen Bauvorhaben umgesetzt werden.

Kradischnig plädiert bei der Öffentlichkeitsarbeit dafür, sich von Profis unterstützen zu lassen. „Techniker sind meistens keine Deutschprofessoren." Deshalb gehören seiner Meinung nach die Fakten von den Projektmanagern geliefert, „dann muss jemand, der formulieren und ins Layout bringen kann, das weiterführen."

Ein Bereich, der wesentlich mehr Beachtung benötige, als er es derzeit erfährt, sei die Krisenkommunikation. Die gelte es schon im Vorfeld strukturiert vorzubereiten, denn „Bauen ist immer extrem krisengefährdet", weiß Kradischnig. Vor allem ist es wichtig, beizeiten eine Möglichkeit zu schaffen, bei der Nachbarn „ankommen zu können. Wenn die Menschen etwas ärgert, wollen sie gehört und gesehen werden. Dabei gilt es, nicht nur eine Klagemauer aufzustellen, sondern auch das Gefühl zu vermitteln, dass tatsächlich etwas geschieht, wenn es Beschwerden gibt", weiß der DELTA-Geschäftsführer. Vielfach werde der Notwendigkeit der Krisenprävention ausgewichen, weil man die „Probleme nicht herbeireden will."

6.3.4 Hans Lechner: Planung und Architektur sind keine nonverbalen Kulturleistungen

(Quelle: Lechner)

Wer sich mit Projektmanagement und -kommunikation auseinandersetzt, begegnet fast zwangsläufig Hans Lechner.[26] Der Wiener hat an der dortigen TU Architektur studiert und sich 1979 selbstständig gemacht. Heute ist sein Ingenieur- und Architekturbüro in Wien, Graz, München und Frankfurt vertreten. Neben seinem unternehmerischen Engagement hat er sich als Lehrender und Schreibender einen Namen gemacht. Von 1985 bis 1990 unterrichtete er an der FH München EDV für Architekten, 2002 wurde er als Universitätsprofessor für Projektmanagement und Projektentwicklung an die Universität Graz berufen.[27]

In den letzten 15 Jahren hat der inzwischen emeritierte Professor ein beachtliches Werk an Publikationen – darunter 50 Monografien – vorgelegt, in denen er sich auch immer wieder mit dem Thema Projektkommunikation auseinandergesetzt hat. Wohl wissend, dass seine Branchenkollegen der Meinung sind, „dass Planung und Architektur nonverbale Kulturleistungen sind und Kommunikation schlichtweg als etwas für Weicheier ansehen." Dem widerspricht er aber mit Verweis auf den österreichischen Philosophen Ludwig Wittgenstein. Der habe sinngemäß in seinem Tractatus gemeint, dass man nichts denken könne, wofür es keine Worte gibt.

Er selbst kam mit dem Thema Öffentlichkeitsarbeit bei Bauten bereits in den achtziger Jahren in Berührung. Damals hat bei Bauvorhaben der Nationalbank und der Veterinärmedizinischen Universität eine Agentur „aus den Statements von uns Technikern Medienstatements produziert und Anrainerbetreuung gemacht", erinnert sich Dipl.-Ing. Lechner. Damals schon ist in ihm die Erkenntnis gewachsen, dass zur Projektsteuerung auch die Kommunikation gehört und diese von Leuten gemacht werden muss, die dazu befähigt sind. Später hat er dann dafür gesorgt, dass in den Honorarordnungen für Ziviltechniker und auch der HOAI in Deutschland ein Passus über die Projektkommunikation hineingeschrieben wurde. In den Kommentaren nach der Verabschiedung der Honorarordnung für Architekten und Ingenieure wurde dann auch anerkennt, „dass der Verordnungsgeber die ständige Kommunikation von Auftraggeber und Auftragnehmer fördern wolle."[28]

Was ihm dabei in Sachen Kommunikation wichtig erscheint, findet sich in den Lehrunterlagen für künftige Projektentwickler und -Steurer wieder (LM. VM.Projektentwicklung 2014, S. 4 f.): Projektentwickler sollten im Zuge ihrer Tätigkeit als Leistungsbild optional unter anderem auch Kommunikations- Werbe- und Marketingkonzepte inklusive der Kostenkalkulation dafür anbieten, dafür auch die Terminplanung vornehmen, Unterlagen für Öffentlichkeitsarbeit oder Verkauf aufbereiten (lassen).

---

[26]Univ.-Prof. Dipl.-Ing. Hans Lechner, Geschäftsführer Hans Lechner ZT Wien, Graz München, Frankfurt. Interview geführt am 14.04.2016.

[27]http://portal.tugraz.at/portal/page/portal/Files/i2180/homepages/Symposium12/docs/lechner.pdf, abgerufen am 18.04.2016.

[28]http://www.bundesanzeiger-verlag.de/vergabe/aktuelles/nachrichten-vergaberecht/nachrichten-detail/artikel/kommunikation-zwischen-planern-und-auftraggebern-forciert-die-hoai-2013-im-ueberblick-10125.html, abgerufen am 18.04.2016.

Außerdem sollten in das Leistungsbild auch Veranstaltungen und Projekt begleitende Öffentlichkeitsarbeit aufgenommen werden. Bei der Projektsteuerung wird in diesen Leitfäden vor allem auf die formelle interne Kommunikation und Dokumentation und die notwendige Mitwirkung an der Öffentlichkeitsarbeit eingegangen (Lechner 2014).

Wie wertvoll Projektkommunikation nach außen ist, belegt Professor Hans Lechner am Beispiel der Wirtschaftsuniversität Wien. Deren Neubau hätte nach den ersten kolportierten Zahlen 180 Mio. EUR kosten sollen. Abgerechnet wurde dann eine halbe Milliarde. Bei der Übergabe war keine Rede von einem Skandal, vielmehr war alles eitel Wonne und Freude über das gelungene Werk. Ganz anders beim Skylink des Flughafens Wien. Der startete bei 280 Mio. und kostete am Schluss knapp doppelt so viel, schlug aber dafür riesige publizistische Wellen und verschlang Unsummen an Anwaltskosten. Die hätte man sich – ist Lechner überzeugt – bei entsprechend professioneller Kommunikation sehr leicht sparen können.

Größten Wert legt das Ziviltechnikerbüro auf eine stringente interne Arbeitskommunikation. Dazu wurde seinerzeit auf Oracle ein Werkzeug programmiert Onlinezugriffe sind heute durch Java möglich. Insgesamt liegen im Archiv 14 Terabyte Daten, aus denen binnen zwei Minuten die richtigen herausgefiltert werden können. Den Aufwand der Eigenprogrammierung habe er auf sich genommen, „weil das, was auf dem Markt ist, unstrukturiert ist und man deshalb damit nicht arbeiten kann", erinnert sich Lechner.

Auch in einen anderen Bereich der internen Kommunikation hat er massiv investiert: Mehrere Mitarbeiter haben inzwischen Mediatorausbildungen gemacht, um zu lernen, wie auch Hartgesottene zu einer vernünftigen Kommunikation gebracht werden können. Daraus entsteht im Projekt ein Miteinander, das ihm besonders wichtig erscheint, denn „jedes Bauprojekt ist ein Unikat mit Tausenden Seiten an Verträgen. Da die gesamte Branche mit sehr niedrigen Margen auskommen muss, kommt es häufig zu rechtlichen Streitigkeiten." Ein Turbo für Friktionen sei die Vergabe nach dem Billigstbieterprinzip bei öffentlichen Bauten: „Wir wissen meist schon am Anfang, wer das Projekt gravierend stören wird, können aber nichts dagegen tun", ärgert sich Professor Lechner. Würde sich jemand der Mühe unterziehen, die tatsächlich abgerechneten Endkosten anzusehen, würde manches anders verlaufen, ist er überzeugt.

Ein besonders kritischer Punkt ist die Nennung von Baukosten zu einem Zeitpunkt, zu dem seriös noch keine Prognosen abgegeben werden können. Erst wenn 60 % der Planungen abgeschlossen sind, wäre erstmals eine seriöse Kalkulation möglich. Das widerspricht aber häufig dem Bedürfnis der Politik, frühzeitig mit Zahlen an die Öffentlichkeit zu gehen. „Eröffnungsneurotik" nennt Hans Lechner das. Das sei so, als würde ein Autohersteller vom Reißbrett weg Verkaufspreise nennen: „Dort wird erst einmal eine Testproduktion durchgeführt und dann zu kalkulieren begonnen", zieht er einen Vergleich. Hier wäre es sinnvoll, die „inneren Zahlen" als Hypothesen zu belassen und nicht nach außen zu tragen.

Ein weiteres Problem in der externen Kommunikation sei das „in peinliche Dimensionen abdriftende" Argumentieren mit Kubikmetern an verarbeitetem Beton, Quadratmetern an Bodenbelägen und Kilometern an Elektrokabeln. Daraus ließen sich keine emotionalen Aussagen über den Sinn und Zweck eines Bauwerks ableiten. Dazu bedürfe es exzellenter Rhetoriker aufseiten des Bauherrn und sprachgewandter Texter bei den begleitenden Kommunikationsagenturen, für deren Beiziehung Hans Lechner dringend appelliert. Er habe hier seine Grenzen erkannt: „Als Kommunikator muss man völlig anders denken als wir Techniker: An den Empfänger der Botschaft denken wir nämlich nur ganz selten."

6.3.5 Arnold Schmitzer: Die sieben Todsünden beim Bauen

(Quelle: pm1 projektmanagement)

Im Zuge der baulichen Neuordnung der Paris Lodron Universität entstanden in den 1980er Jahren eine Reihe so genannter „Jahrhundertbauten" in Salzburg. Schon damals war Arnold Schmitzer als junger Bauingenieur im Projektmanagement unter anderem für die neue Naturwissenschaftliche Fakultät in Freisaal, die Bundespolizeidirektion, den Umbau der alten Gewerbeschule und der Finanzlandesdirektion tätig.

Inzwischen ist er Eigentümer von pm1 projektmanagement. Das Unternehmen bietet alle erforderlichen Baudienstleistungen aus einer Hand an, die für die erfolgreiche Umsetzung eines innovativen Bauvorhabens notwendig sind. Diese reichen von der Architektur-Planung über das Bauprojektmanagement bis hin zur Örtlichen Bauaufsicht und der Überleitung in den Betrieb. Schmitzer lehrt nebenbei an der Fachhochschule. In seinen Vorträgen versucht er den angehenden Bauingenieuren zu vermitteln, dass Hochmut, Geiz, Wollust, Zorn, Habgier, Neid und Trägheit – die sieben sogenannten „Todsünden" – beim Bauen eine große Rolle spielen. Übertragen auf die Probleme beim Bauen hört sich das dann so an:

- **Habgier:** Es besteht Unklarheit über die Bauaufgaben und -ziele an sich. Diffuse oder politisch umstrittene Wunschzettel sind Grundlage des Projektes. Forderungen einzelner Beteiligter sind überzogen.

- **Geiz:** Das Budget wird ohne Einbindung von Baufachleuten bewusst kleingerechnet. Mögliches Budget und Erwartungshaltung stimmen nicht überein. Man will oder kann das erforderliche Budget nicht aufbringen will aber trotzdem mit dem Bau beginnen.
- **Zorn:** Der Fertigstellungstermin wird ohne Abstimmung mit fachkundigen Planern festgelegt. Eröffnungstermine werden nach dem politischen Kalender gesetzt. Wahltermine spielen eine Rolle. Rechtzeitige Entscheidungen fehlen, dafür wird aber an unrealistischen Annahmen festgehalten, was zu Zorn aufseiten der betroffenen Ausführenden führt.
- **Trägheit:** Mangelnde Kommunikation unter den Beteiligten führt dazu, dass keine stabile Projektkultur entstehen kann. Das führt zu Irritationen und Frustrationen. Dagegen würde mit einer wertschätzenden internen und externen Kommunikation Verständnis erzielt werden.
- **Neid:** Baufremde Spezialisten bzw. Gremien stellen alles infrage, zum Teil auch nur, weil auf politischer Ebene eine Partei der anderen den Erfolg missgönnt. Häufig verhindern Politiker, Beamte, Juristen, Banker oder Kommunikationsverantwortliche zeitnahe Entscheidungen bei den Bauherren.
- **Wollust:** Es verschafft ein Gefühl von Macht, wenn Änderungen bestimmt werden können, weshalb manchem Projekt permanente Veränderungen aufgedrückt werden. Häufig tritt dies gemeinsam mit dem Ansinnen auf, immer mehr Qualität oder Quantität zum gleichen Preis zu verlangen.
- **Hochmut:** Es ist reine Eitelkeit des Bauherrn, Architekten oder Projektmanagers, wenn auf veränderte Projektwirklichkeiten zu spät oder gar nicht reagiert wird. Dazu gehört auch, dass auf Verträge gepocht wird, die zu starr sind, um die Realität abzubilden. Die Folge davon sind häufig Bauskandale.

Aus diesen Todsünden, so Schmitzer, entstehen Konflikte, die unnötig sind. Weil aber gerade bei Bauprojekten Konfliktlinien immer wieder aufbrechen, müsse das Projektmanagement ein Bindeglied zwischen Auftraggeber und Projektteam darstellen und sich dabei an sieben Tugenden orientieren, die da lauten: Klugheit, Vernunft, Verständnis, Mut, Gerechtigkeit, Mäßigung und Wahrhaftigkeit. „Dazu gehören Softskills genauso wie Abwicklungskompetenz und Leadership", weiß der Bauingenieur, der in Innsbruck zum Diplom-Ingenieur graduierte.

Vor allem aber ist er ein Verfechter einer Symbiose von Projektmanagement und -kommunikation. „Bauprojekte sind auch Kommunikationsbaustellen, deshalb muss eines ins Andere greifen," lautet sein Credo: „Jedes Bauprojekt ist einmalig, in seiner Größe, Komplexität und den Anforderungen. Die Projektkommunikation muss die individuellen Gegebenheiten berücksichtigen, um das Projekt in eine kommunikative Komfortzone zu bringen" (Abb. 6.7).

Dorthin zu gelangen erfordert aus Sicht von Arnold Schmitzer, dass in der Kommunikation im Team sowohl die Sach-, als auch die Beziehungsebene gegeben ist. Aus seiner Sicht ist dabei die Beziehungsebene noch wichtiger als die Sachebene. Das sei aber häufig nicht gegeben. Eine weitere wichtige Ingredienz funktionierender Projektkultur sei,

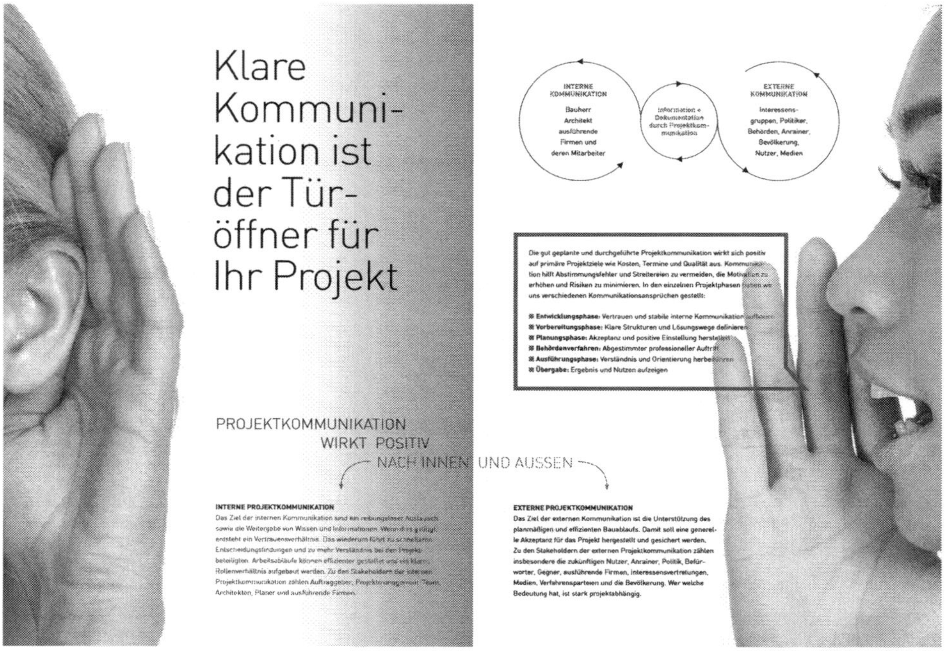

Abb. 6.7 Zusammen mit plenos – Agentur für Kommunikation erstellte pm1 projektmanagement die Broschüre über das Zusammenspiel von Projektmanagement und Projektkommunikation. (Quelle: plenos – Agentur für Kommunikation und pm1 projektmanagement)

dass bei Projektbesprechungen „Senden" und „Empfangen" von Informationen sichergestellt ist. Schließlich muss es einen echten Dialog mit der entscheidungsbefugten Bauherren-Vertretung geben.

Wenn diese Grundvoraussetzungen gegeben sind, ist die praktische Umsetzung dann in erster Linie eine Frage der Organisation und Disziplin. Dazu zählt Schmitzer unter andrem, dass die Projektberichte sachlich, übersichtlich und keinesfalls „bereinigt" sind.

Der Austausch von Informationen zwischen den unterschiedlichen Stakeholdern erfordere eine gut organisierte Kommunikation in allen Projektphasen, nicht zuletzt auch, um der Datenflut Herr zu werden. Arnold Schmitzer: „Eine Erkenntnis hat sich in den letzten Jahren durchgesetzt: Kommunikation ist ein wichtiger Faktor für den Projekterfolg. Gut oder schlecht gemanagte Kommunikation bestimmt laut einer Studie der Deutschen Gesellschaft für Projektmanagement über Erfolg oder Misserfolg des gesamten Projektes. Größere Bauvorhaben müssen nicht nur aus technischer, sondern auch aus kommunikativer Sicht bestmöglich umgesetzt werden", stellt der pm1-Chef fest. Er bringt das Zusammenspiel auf eine Formel: „Projekterfolg = Projektmanagement und professionelle Projektkommunikation."

6.3.6 Verena Zybell: Ampelsignale steuern durch Projektengstellen

(Quelle: Zybell)

Bauprojekte sind immer durch ihre Einmaligkeit gekennzeichnet. Das bringt Risiken mit sich, die gesteuert werden müssen. Bei Obermeyer Project Management wird auf das Erkennen und Managen von Änderungen, Chancen und Risiken größten Wert gelegt. Veränderungen, die schlimmstenfalls auch zum Scheitern des Projekts führen könnten, werden analysiert und bewertet. Vor allem werden sie aber auch ganz offen an die Bauherren kommuniziert. Dazu hat das Unternehmen ein Ampelsystem entwickelt, von dem noch die Rede sein wird.

Die Obermeyer Project Management GmbH (OPM) ist eine Tochter der 1958 in München gegründeten national und international tätigen Unternehmensgruppe Obermeyer, die mit 1400 Mitarbeitern zu den größten unabhängigen Planungsgesellschaften in Deutschland gehört. Die Projektmanagement-Tochter beschäftigt am Hauptsitz in Leipzig ungefähr 30 Experten. Sie ging aus dem seit 1992 dort bestehenden Projektmanagement-Team der Unternehmensgruppe hervor. Damit sollte den Kundenansprüchen für die erfolgreiche Bearbeitung anspruchsvoller Großprojekte noch effizienter Rechnung getragen werden.[29] Nach der Gründung 2008 sind sehr rasch Niederlassungen in München, Stuttgart und Düsseldorf dazugekommen.

OPM erstellt für jedes Projekt monatlich ein Management-Summary, in dem ein Ampelsystem den Ist-Stand beschreibt und eine Prognose über den zukünftigen Verlauf abgibt (Abb. 6.8).

Seit 2013 hat OPM auch eine Niederlassung in Baku. Pate stand damals ein Projekt für den European Song Contest, für den die Regierung von Aserbaidschan eine Multifunktionshalle – die Baku Crystal Hall – mit einem Fassungsvermögen von 25.000 Zuschauern bauen ließ, die 575 Mio. EUR kostete und deren Bau von OPM gesteuert und überwacht wurde. Später entstand in der aufstrebenden Stadt am Kaspischen Meer

[29]www.obermeyer-pm.de.

2. BACKUP

Prognose weiterer Projektverlauf	Maßnahmen	Eskalationsweg	
Aus aktueller Sicht wird das Ziel nicht erreicht.	• Maßnahmen zur Zielrichtung nicht möglich • Neudefinition des Ziels und/ oder Veränderung der Rahmenbedingungen ist erforderlich	Projektlenkungsausschuss Entscheidungsgremium	
Termine, Kosten oder Qualität weichen stark negativ von der Planung ab -> Projektziele werden voraussichtlich nicht erreicht. Eskalation in höhere Gremien (Lenkungskreis) ist notwendig, um den Projektrahmen neu zu definieren.			
Aus aktueller Sicht kann das Ziel mit Zusatzanstrengungen erreicht werden.	• Maßnahmen zur Zielerreichung sind noch nicht ausreichend definiert • Intensive Verfolgung und Dokumentation des Ziels notwendig	Projektlenkungsausschuss	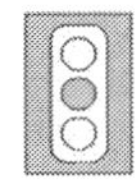
Termine, Kosten oder Qualität weichen negativ von der Planung ab -> Steuerungsmaßnahmen werden aufgesetzt, welche die Abweichungen innerhalb des Projektrahmens wieder auf den Planwert führen.			
Aus aktueller Sicht wird das Ziel erreicht.	• Maßnahmen zur Zielerreichung sind definiert und kommuniziert • Dokumentation liegt vor	Projektleitungsebene	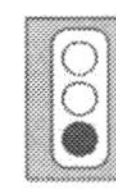
IST-Stand der Termine, Kosten oder Qualität wie geplant.			

Abb. 6.8 Obermeyer Project Management erstellt monatlich ein Management-Summary, in dem ein Ampelsystem den Ist-Stand beschreibt und eine Prognose über den Verlauf abgibt. (Quelle: Obermeyer Project Management)

auch noch ein Convention Center, dessen Projektmanagement ebenfalls von OPM übernommen wurde. Verena Zybell[30], die 2010 nach Leipzig kam und einen interessanten Einstieg bei einem BMW-Großprojekt fand, fasziniert an den Projekten in Baku u. a. die Zusammenarbeit mit renommierten Architekten, wie z. B. Coop Himmelblau.

Während ihrer Tätigkeit in internationalen Projekten hat Frau Zybell auch gelernt, dass es international große Unterschiede in der Kommunikation in den Projekten gibt. Laut der Projektmanagerin habe das viel mit Traditionen zu tun. Es lohne sich jedenfalls, externe Experten zur interkulturellen Annäherung beizuziehen, die das Team coachen. In Projekten sei es wichtig, eine gemeinsame Sprache zu sprechen, betont sie.

Saubere Struktur der Kommunikation nach Handlungsbereichen

Große Bauprojekte – so das Credo der in Niedersachsen gebürtigen Architektin, die in Aachen studiert und 12 Jahre beruflich in Hamburg tätig war – müssen eine intensive Kommunikationsroutine beinhalten. Gleich zu Beginn eines Projekts wird bei OPM festgelegt, wie das Berichtswesen auszusehen hat, auf welcher Ebene welche Informationen ausgetauscht werden. „Besonders wichtig ist die regelmäßige Kommunikation auf Bau-

[30] Dipl.-Ing. Architektin Verena Zybell, Prokuristin Obermeyer Project Management, Leipzig, München, Stuttgart, Düsseldorf, Baku. Interview geführt am 29. April 2016.

herrenebene“, merkt Zybell an: „Die Informationen sind sauber strukturiert in die verschiedenen Handlungsbereiche: Organisation, Kosten, Termine, Qualitäten, Änderungen und Risiken.“

Das Berichtswesen ist auf internetbasierenden Plattformen aufgebaut. Genutzt werden bei OPM Produkte von Conject und Conclude[31], bei denen eine Matrix hinterlegt ist. Jeder Projektbeteiligte bekommt für die Bereiche, die er kennen muss, eine Freigabe. Die Nutzer können selbst bestimmen, wie der Verteilerkreis für die von ihnen generierten Informationen aussehen soll. Eingerichtet werden können ganze Workflows. Für die Dokumentation ist auch wichtig, dass nachvollzogen werden kann, wer welche Information bekommen und sie auch gelesen hat. Projektbesprechungen werden in der Regel vor Ort durchgeführt, bisweilen aber auch über Videokonferenzen. Genutzt werden hier die Systeme Web-X von Cisco und Lync.[32]

Monatliches Management-Summary

Die Ergebnisse der Besprechungen und der Status eines Projekts werden in einen ausführlichen monatlichen Bericht geschrieben, dem eine Seite als Management-Summary (siehe Abbildung) voransteht. Dort signalisiert ein Ampelsystem den Projektstatus: Grün heißt, dass alles im Griff ist, Gelb signalisiert, dass die vorgegebenen Ziele gefährdet sind und Rot bedeutet, dass die Ziele nicht mehr zu erreichen sind. Terminvorgaben werden hier ebenso berücksichtigt wie Soll-Ist-Vergleiche bezüglich der Vorgaben, Kosten oder geplanten Änderungen. Vor allem Änderungswünsche – die meist von Bauherrenseite kommen – werden sehr genau auf die daraus resultierenden Folgen untersucht: „Wir nehmen Bewertungen vor, was die Änderungswünsche für Termine und Kosten bedeuten“, erläutert Verena Zybell.

Das wird dann sehr offen kommuniziert. Ein Vorgehen, das sich bewährt hat, weil dadurch am Schluss keine Überraschungsmomente auftauchen. Allerdings, räumt sie ein, komme es durchaus vor, dass Bauherren gar keine Risiken sehen wollen. Vor allem bei öffentlichen Auftraggebern sei das aus Furcht vor kritischen Medienberichten und politischen Auseinandersetzungen oft der Fall. Hier plädiert Zybell für mehr Gelassenheit: „Man kann die Öffentlichkeit an offene Kommunikation und Transparenz gewöhnen.“

Verzicht auf Fachchinesisch zugunsten der Verständlichkeit

Diese Strategie der Offenheit bedeute auch, dass in allen Berichten bewusst auf Fachjargon und Abkürzungen verzichtet wird. Hier greift bisweilen auch ein Erziehungsprozess für den Bauherrn, der gewohnt sei, Abteilungen oder Prozesse mit Kürzeln zu bezeichnen. „Wir brechen bewusst mit diesen Traditionen, um eine gemeinsame Sprache für alle Teilnehmer im Projekt zu schaffen, die für jedes Teammitglied plausibel ist. Nur dadurch kann Verständnis und Teamgeist entwickelt werden“, umschreibt Zybell das Ergebnis.

[31]mehr dazu unter www.conject.com sowie www.conclude.com.

[32]www.webex.de und www.polycom.de.

Indirekt ist das letztlich auch für die externe Kommunikation hilfreich, die ausschließlich von den Auftraggebern umgesetzt wird. Ein Manko gibt es allerdings, weiß die Projektmanagerin: Die Kommunikationsabteilungen der Bauherren würden viel zu selten zu den Berichten rückfragen oder Informationen einfordern. Auch werde häufig in der Kommunikation nur das Positive hervorgehoben. „Gelbe Ampeln werden in der Regel weggelassen." Hier wäre nach Meinung der Architektin Mut zu mehr Transparenz sinnvoll. Dann würde man sich auch manche Krisenkommunikation sparen.

Ein weiteres Thema gibt es, das auf Bauherrenseite oft zu Problemen und vor allem Zeitverzögerungen führt: „Zuständigkeiten werden nicht sauber geklärt, die Linienstrukturen beim Bauherren müssten häufig zum Gelingen beitragen, sind aber aufgrund von zeitlichen Ressourcenproblemen nicht in der Lage, rechtzeitig zu liefern oder zu entscheiden. Das ist ein nicht geringer Störfaktor, der zu Verlängerung von Prozessen und damit zu höheren Kosten führt." Obermeyer Project Management unterstützt hier auch durch Übernahme von Bauherrenfunktionen, z. B. die des Projektleiters und kann dadurch zur optimalen, ressourcenschonenden Projektabwicklung beitragen.

Literatur

Drees und Sommer. 2016. http://www.dreso.com/de/presse/presseinformationen/detail/?tx_ttnews%5Btt_news%5D=4247&cHash=62a7144901bde27aa0adf80416be8311. Zugegriffen: 19. Jan. 2017.

Gerkan, Meinhard von. 2013. *Black Box BER: Vom Flughafen Berlin Brandenburg und anderen Großbaustellen. Wie Deutschland seine Zukunft verbaut*. Köln: Quadriga.

Khakpour, Toumaj, und Sinisa Puktalovic. 2014. Rasenziegel, Sessel und Mauerstücke als Erinnerung für die Fans. derstandard.at/2000006425848/Gruen-weisse-Abrissparty-im-Hanappi. Zugegriffen: 29. Okt. 2016.

Lechner, Hans. 2014. *LM.Leistungsmodell VM.Vergütungsmodell Projektentwicklung (PE)*. TU Graz: Verlag der technischen Universität.

Melzer, Anja. 2014. Kopf-an-Kopf-Rennen um stärkstes Wachstum. http://derstandard.at/2000005162883/Kopf-an-Kopf-im-Rennen-um-das-staerkste-Wachstum. Zugegriffen: 29. Nov. 2016.

Müller, Sigrist. 2016. http://www.msuellersigrist.ch/arbeiten/bauten/wohn-und-gewerbesiedlung-kalkbreite-zuerich/. Zugegriffen: 1. März 2016.

Wikipedia. 2016. https://de.wikipedia.org/wiki/Z%C3%BCrich-West. Zugegriffen: 1. März 2016.

Resümee 7

Bei Bauprojekten arbeiten Teams auf bestimmte Zeit unter Beteiligung von Mitarbeitern aus den unterschiedlichsten Bereichen zusammen. Alle Beteiligten sind bis zu einem gewissen Grad unterschiedlich sozialisiert und vertreten auch ganz unterschiedliche Interessen. Das macht Kommunikation in Bauprojekten komplexer als in homogenen Unternehmen. In diesem Buch wurde dargelegt, wie es gelingt, Projekte nach innen und außen kommunikativ optimal auf- und darzustellen.

Wie Sie eine Gruppenidentität schaffen

- Auftraggeber, Architekt, Planer, Projektmanagement, ausführende Firmen und Kommunikationsbeauftragte müssen an einem Strang ziehen, wenn es nicht zu Reibungsverlusten kommen soll. Das wiederum stellt eine besondere Herausforderung für die Projektkultur und die Kommunikation nach außen dar.

Die Projektkultur – als Resultat der internen Kommunikation – regelt den Alltag des Zusammenlebens durch die Weitergabe von Wissen, Normen, Werten, Traditionen und Institutionen. Wenn es gut läuft, demonstrieren Projektteams ihre Eigenständigkeit nach innen und außen. Ihre Kultur spiegelt sich sowohl in der teaminternen Kommunikation (Gruppenidentität) als auch in der Außendarstellung (Projektidentität) wider. Damit Teams an einem Strang ziehen, bedarf es einer effektiven Kommunikation.

Wie Sie eine positive Projektkultur erzeugen

- Jedes Projekt unterliegt drei Herausforderungen, nämlich
  - technischen,
  - wirtschaftlichen und rechtlichen sowie
  - kulturellen und sozialen.

W. Immerschitt, *Kommunikationsmanagement von Bauprojekten*,
DOI 10.1007/978-3-658-13096-1_7

Bei Bautechnikern kommt häufig die soziale Komponente zu kurz. Sie haben gelernt, dass es bei Fehlern immer kausale Zusammenhänge gibt, die es aufzulösen gilt. Bei sozialen Systemen ist die Fehlerbehebung aber nicht immer so einfach wie bei einer Maschine, weil die Kausalität komplex ist und die zusammenwirkenden Einflüsse und Interessen der Beteiligten nicht immer erkannt werden. Bei einer positiven internen Projektkultur kann eine Aufwärtsspirale entstehen, die das wechselseitige Vertrauen stärkt, bei negativer Projektkultur kann es genauso rasch in die entgegengesetzte Richtung gehen.

Wie Sie die internen Kommunikationsprozesse moderieren

- Jedes menschliche Miteinander läuft auf zwei Ebenen ab: einerseits auf der Sach- oder Inhaltsebene und andererseits auf der Gefühls- oder Beziehungsebene. Das Match lautet also Ratio vs. Empathie.

Die Sachebene bezeichnet das, worüber offiziell gesprochen wird. Während das „Es“ offensichtlich ist, bleibt die Beziehungsebene zwischen den Teilnehmern in der Regel unter der Oberfläche. Hier schlägt sich erneut die Sozialisation von Bautechnikern nieder: Sie haben gelernt, dass es am Wichtigsten ist, alle Schritte zu dokumentieren. Die schriftliche Kommunikation bringt den Vorteil mit sich, dass Informationen gezielt und direkt an den Adressaten gerichtet werden und im Streitfall als Beweis herangezogen werden kann. Der Nachteil dabei ist, dass die Wirkung der Information nicht erkannt wird.

Die informelle Kommunikation ist demgegenüber nicht sehr zuverlässig und berechenbar, denn der Austausch von Informationen erfolgt, ohne formale Wege beachten zu müssen. Hier finden sich – gerade in technischen Projekten – die Sollbruchstellen der Projektkultur. Geschickt gemanagt bietet die informelle Schiene freilich die Möglichkeit, positiv auf die Zusammenarbeit einzuwirken. Die unmittelbare Reaktion ist ersichtlich.

- Wie bei einem Eisberg schlummert ein gewichtiger Teil der Kommunikation unter der Oberfläche. In der Konsequenz bedeutet dies, dass auf der Sachebene nur das möglich ist, was die Beziehungsebene zulässt. Anders ausgedrückt: Wenn man miteinander „nicht kann“, wird in der Sache nichts oder nicht viel vorangehen.

Aufgabe der Kommunikatoren oder Moderatoren des Prozesses ist es zuvorderst, Spannungen zu erkennen und anzusprechen. So wird die Moderation des internen Kommunikationsprozesses zum wesentlichen Erfolgsfaktor in Projekten.

Wie Sie die externe Kommunikation optimal steuern

Wie bei der internen Kommunikation gibt es auch bei der Außendarstellung unterschiedliche Interessen und damit Reibungspunkte. Das „Kommunikationsmonopol“ in der externen Kommunikation liegt beim Auftraggeber des Bauvorhabens. Wie in der internen Kommunikation verfolgen die beteiligten Parteien bei einem Bauprojekt auch in der Außendarstellung eigene Interessen.

Schon zu Beginn des Projekts muss es einen Kommunikationskodex geben, an den sich alle Beteiligten halten müssen. Die Aufbau- und Ablauforganisation muss festgelegt werden. Wir haben gezeigt, dass es Sinn macht, beim Projektmanagement eine Stelle anzudocken, die die kommunikativen Fäden zwischen Auftraggeber und Ausführenden zusammenführt. Die Abläufe in der Kommunikation müssen festgeschrieben werden, um sicherzustellen, dass keine fehlerhaften Informationen nach außen weitergegeben werden. Hier sollten auch die Meilensteine definiert werden, an denen kommunikative Maßnahmen gesetzt werden sollen.

Wie Sie mithilfe des Modells PESO die externe Kommunikation strukturieren

- Wir haben zur Strukturierung der Aufgabe das Modell PESO vorgestellt, das zwischen bezahlten, gemeinsam genutzten, verdienten und eigenen Inhalten unterteilt. Daraus resultiert eine Vielfalt an möglichen Maßnahmen, die in der Außendarstellung gesetzt werden können.

Das Spektrum an Maßnahmen ist viel breiter, als es in den meisten Fällen auch nur näherungsweise in Betracht gezogen wird. Dieses Buch ist mithin auch ein Plädoyer für mehr Offenheit, Dialogorientierung und Außendarstellung von Bauvorhaben. Schließlich spielt sich Bauen immer im öffentlichen Raum ab, ist damit für viele Dialoggruppen von besonderem Interesse und verlangt nach maßgeschneiderter Kommunikation.

Wie Projektmanager und Auftraggeber in der internen und externen Kommunikation agieren

- Breiten Raum haben wir den praktischen Beispielen gewidmet. In Interviews haben Projektmanager ihre Lösungsansätze zum Aufbau der Projektkultur und die Probleme in der internen Kommunikation dargestellt, Auftraggeber von Bauten legten ihre Kommunikationskonzepte offen. Diese Beispiele haben gezeigt, wie breit das Spektrum an Möglichkeiten ist und wie unterschiedlich die Unternehmen agieren.

Die befragten Unternehmen sind mit Sicherheit allesamt zu den Besten der Branche zu zählen; dennoch wurden auch bei diesen Leuchtturmunternehmen Schwächen ganz deutlich angesprochen.

Die große Mehrzahl der „kommunikativen Player" bei Bauprojekten negiert die Notwendigkeiten einer professionellen internen und externen Kommunikation oder hat zumindest massiven Verbesserungsbedarf. Das belegen auch die Gespräche mit einigen führenden Journalisten von Fachmedien, die beredte Klage über unprofessionelle Vorgehensweisen führen.

Das zeigt ja letztlich nur, dass es „Luft nach oben" gibt, deren Aufwind genutzt werden kann, um sich aus der Masse herauszuheben. Jedes Bauprojekt ist einmalig, sowohl in seiner Größe, Komplexität und den Anforderungen. Die Projektkommunikation muss die individuellen Gegebenheiten berücksichtigen, um das Projekt in eine kommunikative Komfortzone zu bringen. Auf dem Weg dorthin war dieses Buch für Sie als geneigter Leser oder geneigte Leserin hoffentlich ein Wegweiser.

Weiterführende Literatur

Avenarius, Horst. 1995. *Public Relations Die Grundform der gesellschaftlichen Kommunikation*. Darmstadt: Wiss. Buchges.

Detail Architekturzeitschrift, Sonderpublikation 10 Logements collectifs BBC en structure bois, Paris März 2015.

Dreyer, Axel, und Klaus Rütt. 2008. ‚Im Zeichen des Tsunami' – Touristisches Ereignis- und Krisenmanagement bei der TUI. In *Krisenmanagement in der Praxis. Von erfolgreichen Krisenmanagern lernen*, Hrsg. Frank Roselieb und Marion Dreher, 57–82. Berlin: Schmidt.

Franz, Michael. 2016. Die 3-Sekunden-Regel – Im Gespräch mehr erfahren. *ProjektMagazin Spotlight* 2016.

Goudar, Jyothi. 2010. Effective project communication management. http://www.projectperfect.com.au/white-paper-effective-project-communication-management.php. Zugegriffen: 31. Jan. 2016.

Haedrich, Günther. 1993. Images und strategische Unternehmens- und Marketingplanung. In *Image und PR. Kann Image Gegenstand einer Public Relations Wissenschaft sein?*, Hrsg. Wolfgang Armbrecht, Horst Avenarius, und Ulf Zabel, 251–262. Opladen: Westdeutscher Verlag.

Hilbig, Heino. 2015. *Marketing sucht Zielgruppe ... oder: Was macht der Gorilla am POS. Über Denkfehler in Strategie, Kommunikation & Co. und 58 Tipps, wie Sie sie vermeiden*. Wiesbaden: Springer Fachmedien.

Lexikon der Unternehmensführung – Organisation. 2016. http://www.steuerlinks.de/organisation/lexikon/projektgruppe.html. Zugegriffen: 25. Jan. 2016.

Mass, Claudia. 2006. *Unternehmenskommunikation. Ein Leitfaden*, 2. Aufl. Stuttgart: Lucius & Lucius.

Mattei, Leonardo, und Ginamarco Scuppa. 2006. *The role of communication in large infrastructure. The Bumbuna hydroelectric project in post-conclict Sierra Leone*. World Bank Working Paper No. 84.

Pauli, Knut S. 2004. *Leitfaden für die Pressearbeit. Anregungen. Beispiele. Checklisten,* 3. Aufl. München: Deutscher Taschenbuch Verlag.

Pennington, George. 2016. Die Kunst der Gesprächsführung. *ProjektMagazin Spotlight* 2016.

Pritschard, Carl. 2004. *The project management toolkit*. Norwood: Artech House.

Project Management National Conference. 2015. Effective Communication Management für Urban Infrastructure Projects. http://www.pmi.org.in/events/media/technical-paper/effectivec-9f8d3004543220a.pdf. Zugegriffen: 31. Jan. 2016.

Reineke, Wolfgang, Wolfgang Gollub, und Claudia Schunk. 1996. *Gesamtkommunikation, Konzeption und Fallbeispiele*. Heidelberg: Sauer.

W. Immerschitt, *Kommunikationsmanagement von Bauprojekten*,
DOI 10.1007/978-3-658-13096-1

Salis, Christian. 2012. Erfolgsfaktor Kommunikation in strittigen Schulprojekten. *Schweizer Gemeinde* 2012 (6): 44 f. http://www.chgemeinden.ch/wAssets/docs/fachartikel/deutsch/organisation/2012/12_06-Information2.pdf. Zugegiffen: 28. Nov. 2015.

Schwerdtner, Patrick. Erfolgsfaktor Kommunikation im Bauwesen. So lässt sich die Informationsqualität bei Lieferanten bewerten. https://www.tu-braunschweig.de/Medien-DB/ibb/paper/ibb_paper_2006-12_schwerdtner_erfolgsfaktor_kommunikation.pdf. Zugegriffen: 22. Nov. 2015.

Wehnes, Harald. 2003. Professionelles Projektmanagement in der Praxis. Skriptum.

Wipfler, Thomas. 2008. Öffentlichkeitsarbeit bei Bauprojekten. Erfahrungen aus Sicht der Gesamtprojektleitung Neue Schanzenpost Bern. http://www.svit.ch/fileadmin/_migrated/content_uploads/090310_Lunchgespräch.pdf. Zugegriffen: 5. Jan. 2016.

WKO Geschäftsstelle Bau. 2013. Projektkommunikation. Die Kommunikation bei Bauprojekten. https://www.wko.at/Content.../Planung_und_Projektkommunikation.html. Zugegriffen: 6. Jan. 2016.

Zerfaß, Ansgar, und Martin Mahnke. 2009. Von Print zu Video? Bewegtbild im Internet als Herausforderung für die Unternehmenskommunikation. *prmagazin* 2009 (1).

Printed in Poland
by Amazon Fulfillment
Poland Sp. z o.o., Wrocław

65235094R00094